Special Design for you

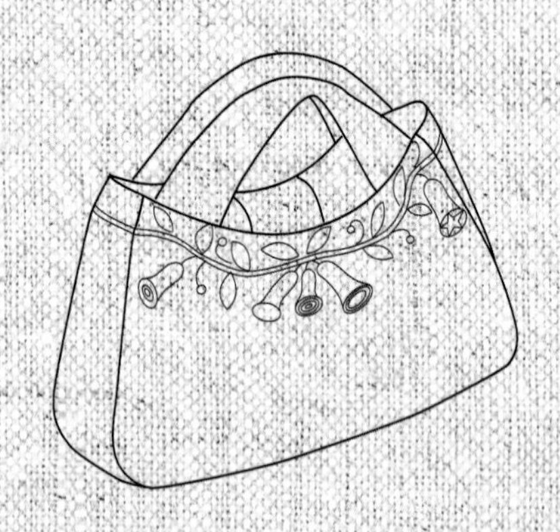

# Elegant Bag Style.25

Special Design for you

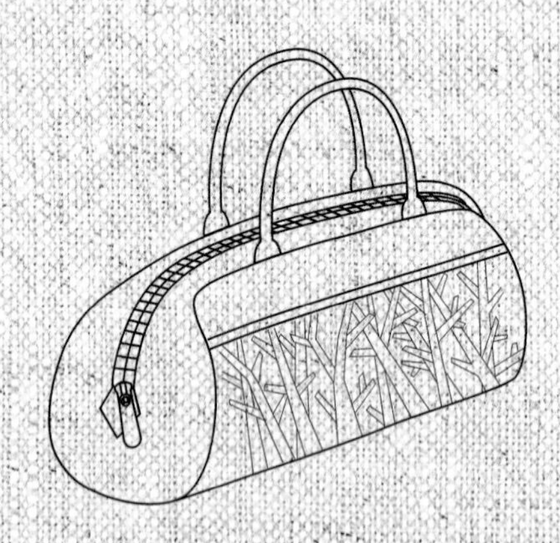

# Elegant Bag Style.25

# 斉藤謠子の職人特選實用拼布包

Elegant Bag Style.25

*Special Design for you*

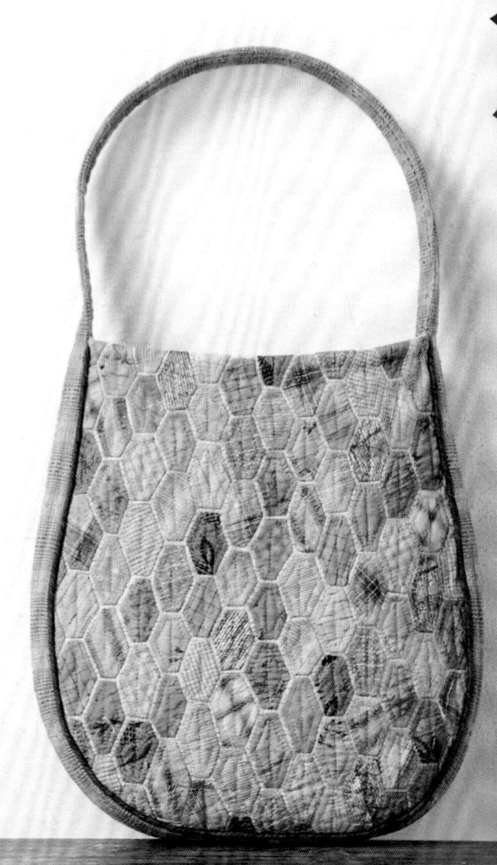

★

斉藤謠子老師

╳

台灣出版團隊の

第一本拼布創作集

# 編輯推薦
# Recommend

## 針線布的深情演繹，舞動靈魂與美好相遇

我總覺得，和斉藤老師似乎是八百年前就結下了好緣哩。

斉藤老師在拼布界的名望與貢獻在此就不加贅述了，老師所出版的拼布書籍向來深受世界各地拼布迷的喜愛，本本有多種語版，但這一回不一樣，這可是老師第一次接受海外出版社的邀約，《斉藤謠子のElegant Bag Style.25：職人特選的實用拼布包》是專為台灣讀者量身訂作的特別版，而我們何其榮幸啊！

某一次與老師的談話，狂狷如我，也不知哪裡來的勇氣，竟提出了與老師配合出書的想法，話一出口，心便萬分忐忑，怕失禮也擔心碰軟釘子啊！但沒想到老師竟豪爽地一口答應了，當下的我不只是受寵若驚，更是雀躍不已！老師還耍寶似地說：「這次看你們的！加油！」這意味著「責任」也由當下正式開始了。

領著期許，回到編輯部之後，便立即根據台灣布作市場的現狀進行企畫的草擬，經過多次書信往返討論與修正終至成型，過程遠比預期的順利。在此一定要提的是，明明是排程滿檔，萬分忙碌的老師之配合度也太高了，多次的書信往返與幾次赴日溝通，老師總是親切地聽著我們的想法及設定，再親手畫出每一個包包的草圖，點出每一個包的製作及設計重點，過程中也不忘詢問我們的意見，態度謙虛和善，讓我們也倍感尊榮。

而那日我們遠赴日本，一行人到工作室進行製作步驟拍攝，一到現場看見老師早已步好的陣勢，明白看出職人對於拼布創作的尊重。而配合拍攝的示範規畫之貼心也令人佩服，每一步驟詳細交代，每一動作皆親自示範，對於我們提出的附加企畫也開心配合，親切一如鄰家大姊姊。

《斉藤謠子のElegant Bag Style.25：職人特選的實用拼布包》的執行並不容易，光是成品的拍照規劃就讓團隊傷透腦筋，我們一直思索著：既是台灣版，氛圍該如何構築才能看見台灣的風和日麗，也展現每一個職人級作品的美？如果，我們用心所構築出來的情境、內容正是愛布作的你心裡所企想的、喜愛的，那就太棒了！雖然每一個製作環節都耗時耗心力，但一步一步走著，卻是讓人心越發篤實。而這都要歸功於台灣讀者給了老師的深刻又美好的印象。我們誠摯希望你能從老師細緻的技法且充滿想法的作品中汲取養分，展現在你的創作品中。謹將我們的努力呈現給每一個支持我們的你。我們謝謝你。

在此也由衷感謝斉藤老師對雅書堂團隊的信任與鼓勵，更期待下一次的合作能迸放出無比絢麗的火花。

總編輯 蔡麗玲
Eliza Tsai

# 前言
# Introduction

我從小就非常喜歡手作，經常一個人享受著手作過程，度過了許多時間。從那時算起到目前為止已經過了40年，最近則是因為舉辦講習會的關係，而擁有許多到國外的機會，接觸世界各國的拼布家，也成了我現在參與活動的樂趣之一。

其中最常有機會前往的國家就是台灣。

我總是能感受到台灣人們對於拼布的熱情。

這次有幸能在台灣出版個人著作，首先我想到的是，要製作更多的包包。包包是我非常喜歡的配件，對女性來說也是能借此享受打扮樂趣的重要配件，沒有比能以自己喜歡的色彩、自己的設計來製作包包，更令人感到愉快的事情了！

若是這本書能提供各位參考，或是在製作包包上有所幫助，對我來說，是很幸福的一件事。

最後，對於像這樣能在台灣出書之事，我真的非常心存感激。

斉藤謠子

# Q&A FOR YOU

斉藤老師一身輕便裝扮，在台灣美麗的湖光山色中愜意悠遊。

**Q 斉藤老師多次來台教學，對台灣的印象是什麼呢？**

A 來上課的學生都非常熱心學習，而且年輕人很多呢！

**Q 是否可談談特別的台灣經驗？對於哪些地方有興趣呢？（想去觀光或是已去過的心得分享）**

A 曾經在二月的雨天前往九份觀光，因為意外的寒冷，讓我至今印象深刻。由於中午用餐的店內也非常冷，詢問店家可否開個暖氣時，才知道原來台灣是不太使用暖氣的。
很喜歡台灣的美食，有美食的地方都有興趣前往。

**Q 本書收錄的25款拼布包中，最喜歡的款式？原因呢？**

A 當然是25款全部都喜歡囉！不過，若要比較出其中更得我心的，是「方塊舞」。喜歡它單純的花樣，以及實用的外型。

Q 覺得製作拼布包包與一般手作布包有何不同？

A 製作拼布包需要花費的時間，可以說是壓倒性的多於一般布包。尤其是縫份的包邊，以及各種細部修飾，都十分花費心力。
一般布包則可以輕輕鬆鬆的縫製完成，這點很令人開心。

Q 設計拼布包的靈感來自於？

A 每當設計新品時，總是令我感到苦惱！因此外出時，經常會藉由觀察路人們攜帶的包包，看看能不能從中獲得一些靈感。

Q 有特別喜愛的題材嗎？

A 基本上，沒有特別偏愛的題材。

Q 老師的創作經常出現花卉，是否有特別鐘愛的花？

A 實際上，比起花朵，我更喜愛果實。但真要說出具體的花草名稱，那倒是沒有特別在意的。

Q 對拼布初學者的學習建議？

A 與其依照書本上的示範，作出一模一樣的成品，不如盡量依個人喜好改換拼布配色，試著練習創造出屬於自己的風格。這樣的方式會學習到更多。

Q 請分享在台灣出版個人首本拼布創作書的感想？

A 至今為止，雖然已在台灣發行了許多本中文版拼布書。但這次能出版台灣首賣、製作的拼布書，仍令我感到十分驚喜與開心。

Q 想對台灣讀者說的話。

A 雖然與初學者的建議重複了，但我真的衷心希望，各位讀者們在參考本書時的同時，致力於個人風格的創造，並且製作出更多更美好的拼布包！

Yoko Saito

# 目錄 Contents



## Yoko Saito' s の Love bags

# Yoko Saito`s Love Bags

25個手作包，擁有25種個性，

想以最喜歡的拼布，

寫下每一個包的手作故事。

STYLE 01 晨花

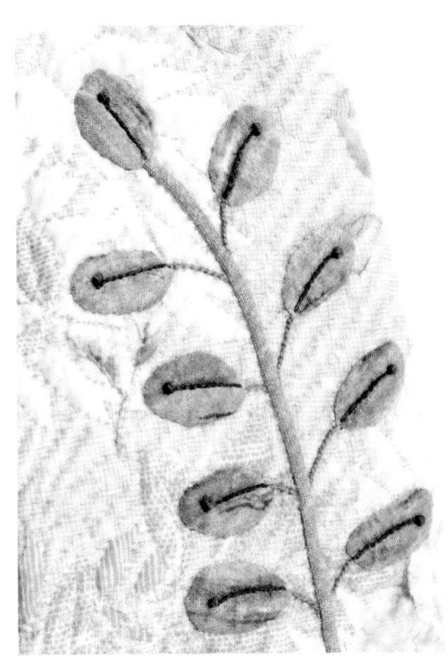

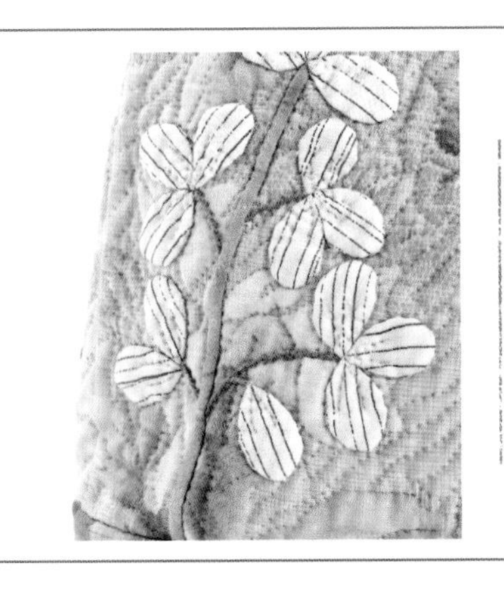

以成熟風格的深灰色作為主色調，再以不規則色彩拼接袋底妝點畫面，最適合具有優雅氣質的女性使用。

HOW TO MAKE → P.81 至 P.83

✂----紙型 A 面

## STYLE 02 雪之森林

Back

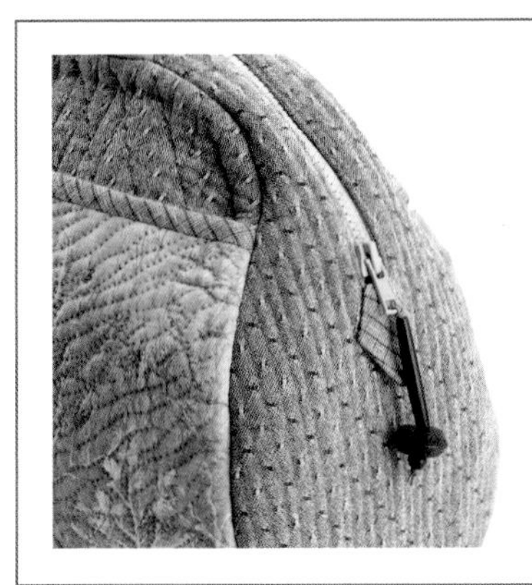

在下雪的森林裡，樹木換上了夢幻的白色外衣。以棕色、灰色、深咖啡色交疊出具有濃濃冬日味道，極具童話風格的手提袋。

HOW TO MAKE → P.84 至 P.85

紙型 A 面

STYLE 03 風鈴季節

純白色的風鈴草搖曳生姿，為女孩下班後的小約會注入戀愛的力量。以大地色的直條紋布作為基底，搭配清新的花朵貼布縫，任誰都想帶它上街的人氣袋物。

HOW TO MAKE → P.86 至 P.87

紙型 A 面

STYLE 04 蕾絲花漾

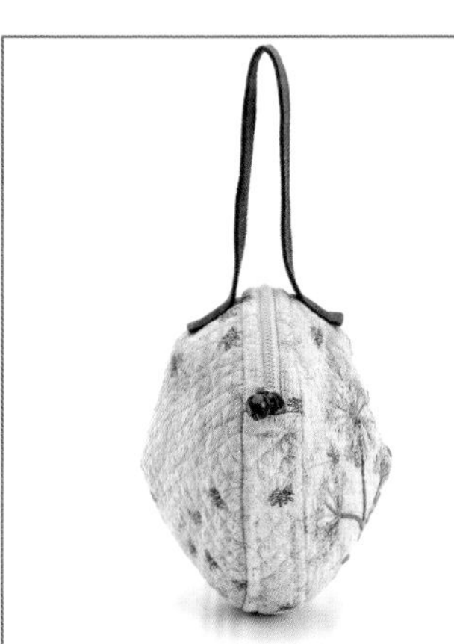

圓滾滾的可愛袋型，小巧玲瓏，採用簡便的單提把設計，放入小錢包和鑰匙，隨手一拎就可以輕鬆出門購物！是實用又典雅大方的便利小包。

HOW TO MAKE → P.88 至 P.89

紙型 A 面

Back

# STYLE 05 蝴蝶結花籃

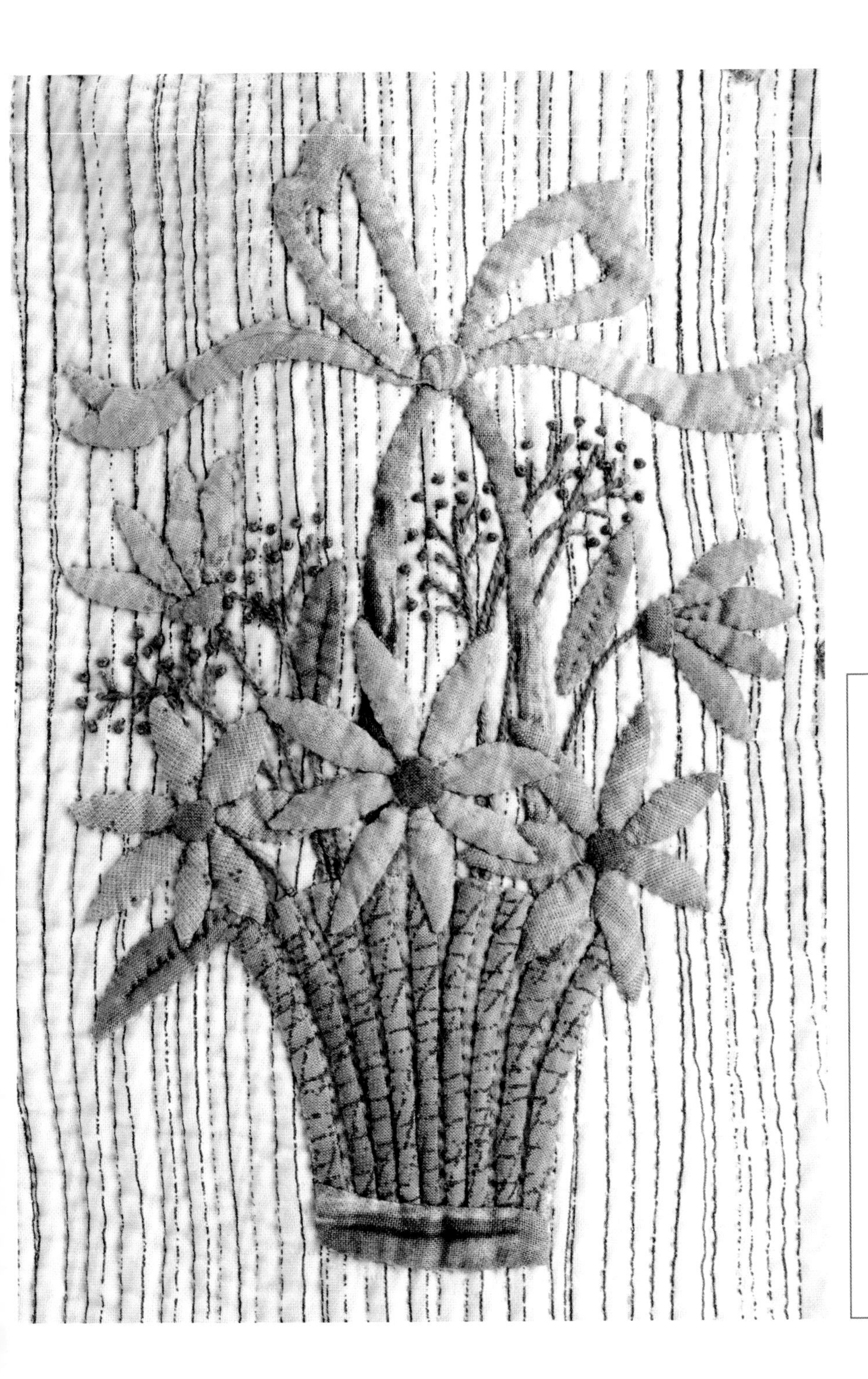

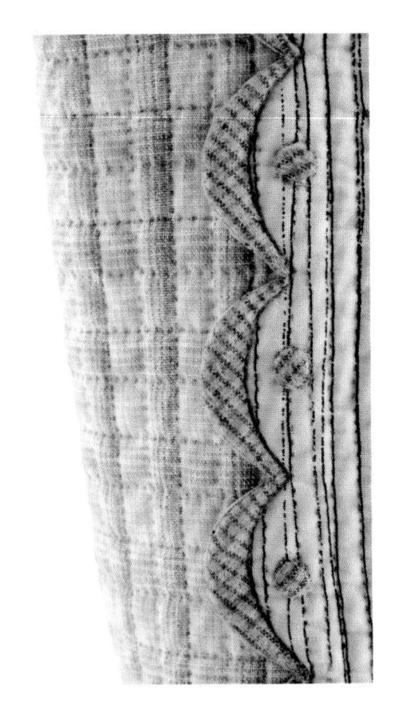

以荷葉邊設計營造出少女情懷的浪漫，可愛的拼布花籃是最棒的手作禮物。造型輕巧又耐用，姐妹們的聚會，就帶著它亮麗出場吧！

HOW TO MAKE → P.90 至 P.91

紙型 B 面

STYLE
06
藍色花境

極具時尚感的方包，造型輕巧，可放入足夠的隨身物品，附有拉鍊設計，對上班族來說，是非常方便的實用定番包款。

HOW TO MAKE → P.71 至 P.75
紙型 B 面

STYLE 07 橡實の趣味

Back

初學者完成率最高的束口袋，只要加上貼布縫圖案及刺繡，就能展現獨一無二的拼布美感，簡易的束口設計，可提升隨身袋物的隱密性。

HOW TO MAKE → P.92 至 P.93

✂----紙型 A 面

STYLE

# 08 小瓢蟲 &幸運草

顛覆公事包給人的刻板印象，以可愛的幸運草、小瓢蟲圖案設計，使袋物更加平易近人，非常適合喜愛文青風格的女孩使用。

HOW TO MAKE → P.94 至 P.96

紙型 C 面

STYLE
09 圓の花

以圓形花瓣作為主角的灰色系袋物，使用零碼布就可以製作，布料本身的圖案只要稍加壓線，就可呈現拼布包特有的手作質感。

HOW TO MAKE → P.100 至 P.101

紙型 C 面

Back

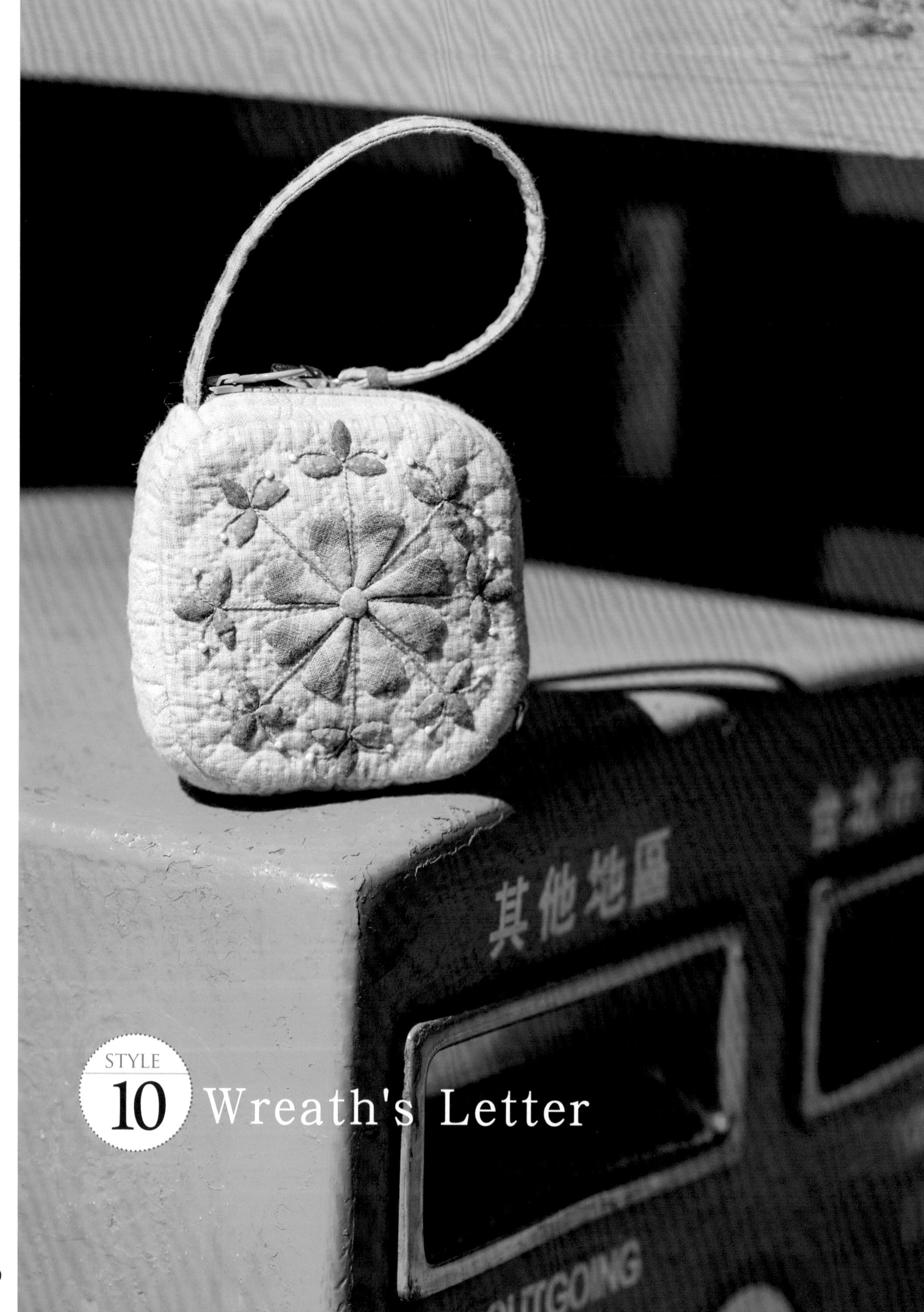


STYLE

# 10 Wreath's Letter

Back

附有便利提環的可愛零錢包，放在大袋子裡，翻找更容易！背面配合布料設計以格子圖形壓線，增加小型袋物的趣味感。

HOW TO MAKE → P.102至P.103

紙型D面

STYLE

# 11 四季交響

以皮革提把展現沉穩設計的公事包，
提升袋物的實用百搭，無論男女皆可
使用的中性風格拼布包款。

HOW TO MAKE → P.104 至 P.105

----紙型 B 面

STYLE 12 貝殼の迴旋

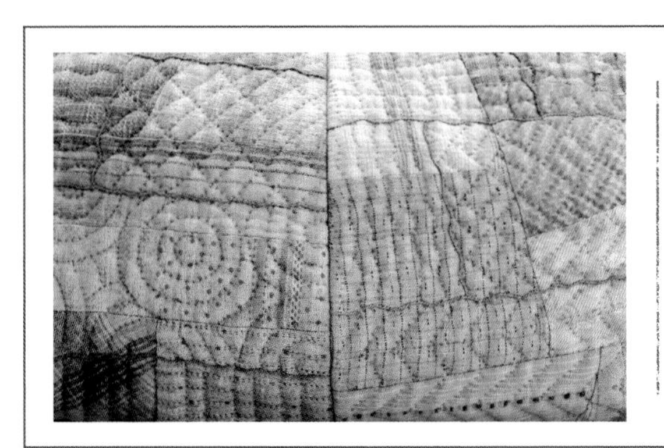

橢圓型的貝殼大包，收納性高，以素雅的灰白色作為底布，搭配不規則的拼接設計，及巧妙的形狀壓線，散發出低調卻出眾的優雅氛圍。

HOW TO MAKE → P.106至P.107

紙型C面

STYLE
# 13 花音

依內容物多寡可改變袋型的手提包，最適合喜歡變換穿搭的女性使用。加上一朵自製的手作布包，就能讓拼布包的質感瞬間倍增！

HOW TO MAKE → P.108 至 P.109

紙型 D 面

STYLE

# 14 天空步橋

實用性極高的斜背包，最適合出遊時攜帶！以細布條編織的作法呈現生動的拼接畫面，利用零碼布就能編出自己喜愛的色系喲！

HOW TO MAKE → P.110 至 P.111

紙型 D 面

Back

STYLE
15
繁星樹

選用可愛的刺繡圖案布，表袋以輪廓繡繡上有如枝幹的樹藤，作出從樹上長出星星的童趣設計，可作為上學時的隨身書包，非常實用。

HOW TO MAKE → P.112至P.113

紙型 D 面

Back

STYLE
16
Sewing Life
Sewing

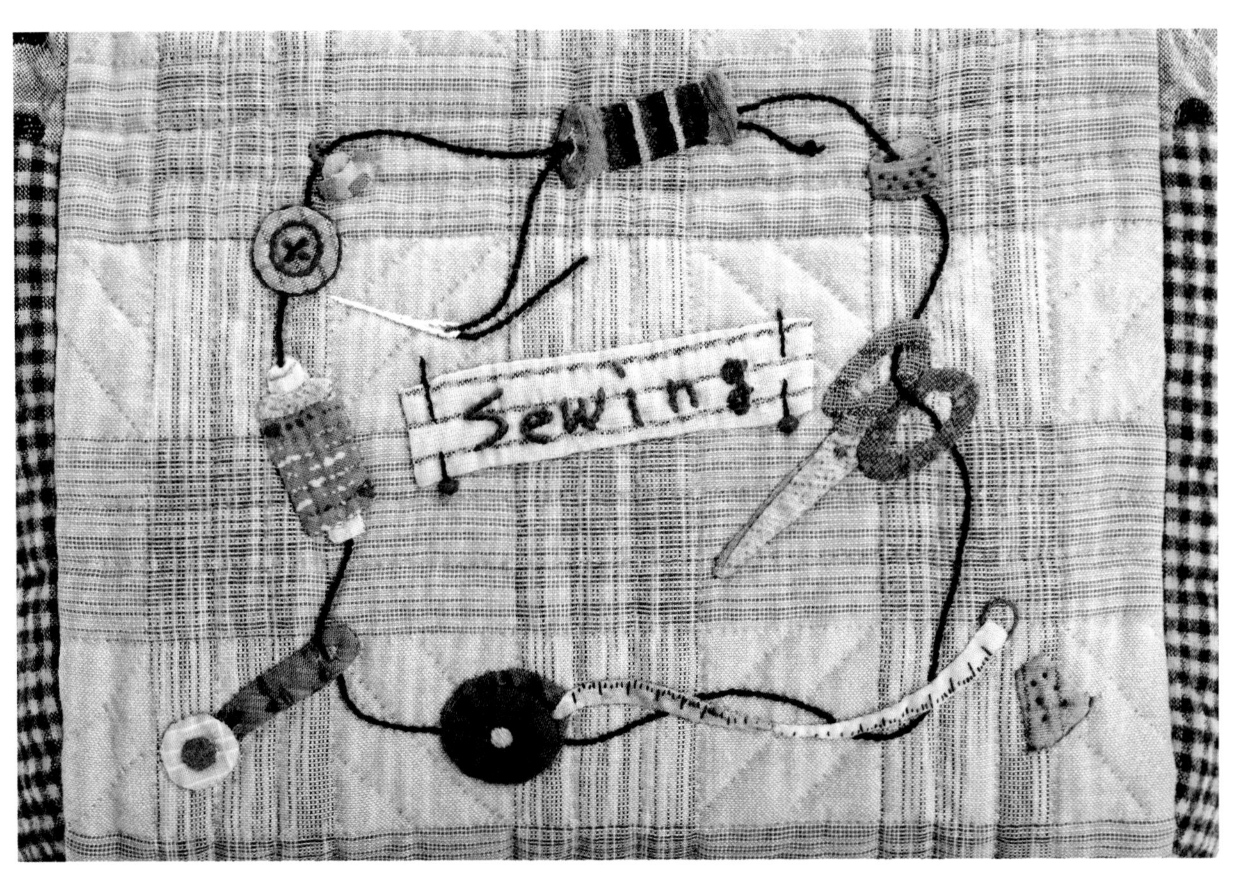

以最愛的縫紉工具圖案為主題，容量極大的肩背包，側身的口袋設計是一大亮點，整體呈現出青春氣息的可愛包款。

HOW TO MAKE → P.114 至 P.115

----紙型 A 面

Back

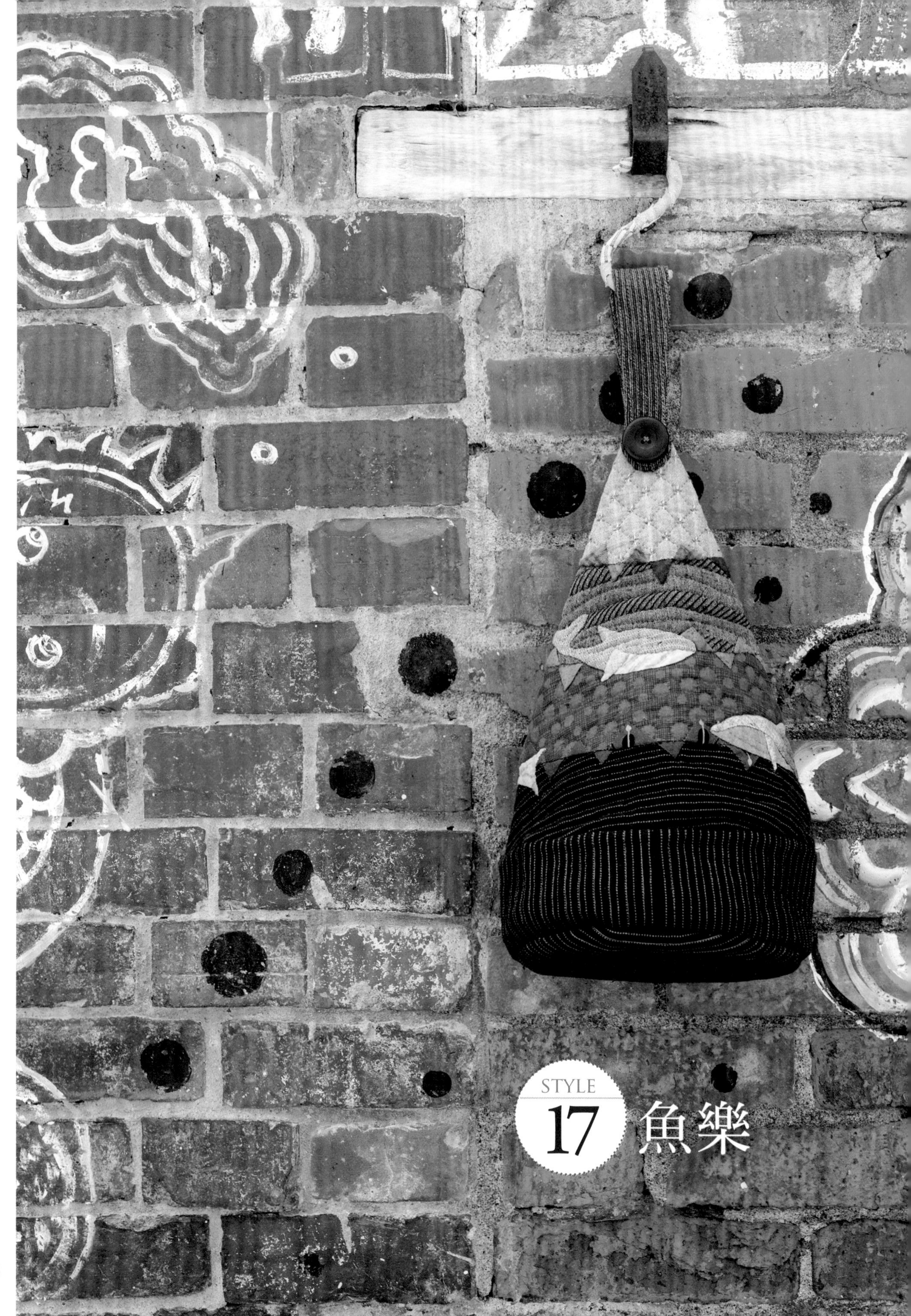

STYLE

17 魚樂

悠遊自在的三條魚兒，搭配可愛的三角袋型，十分具有卡通感的設計包款，可放入水壺之類的長形物品，帶它上街絕對能夠吸引眾人目光！

HOW TO MAKE → P.116 至 P.117

紙型 B 面

STYLE

# 18 拼接時尚

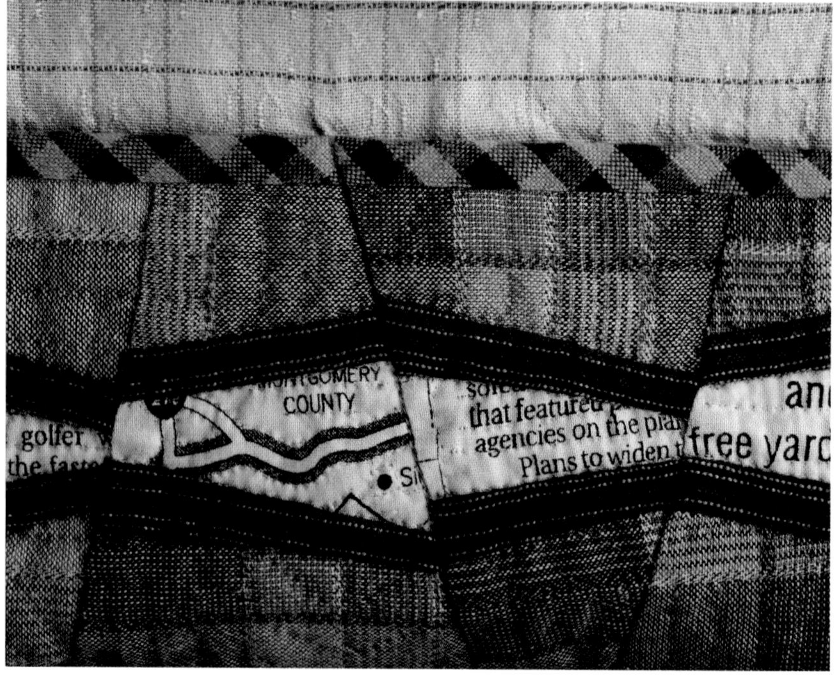

可作為袋中袋，也可單獨使用的實用小包，前、後袋分別在中心壓上口袋分隔線，內裡也縫上口袋，是可收納多樣物品的超級小幫手！

HOW TO MAKE → P.118 至 P.119

紙型 B 面

# STYLE 19 袋物寫真

Side

可放入P.46的同款小包，輕巧可愛的實用造型，外側有多個口袋可置物，內裡以黑色網紗布製作，與表袋配色混搭出搶眼的視覺效果。

HOW TO MAKE → P.97 至 P.99

紙型 B 面

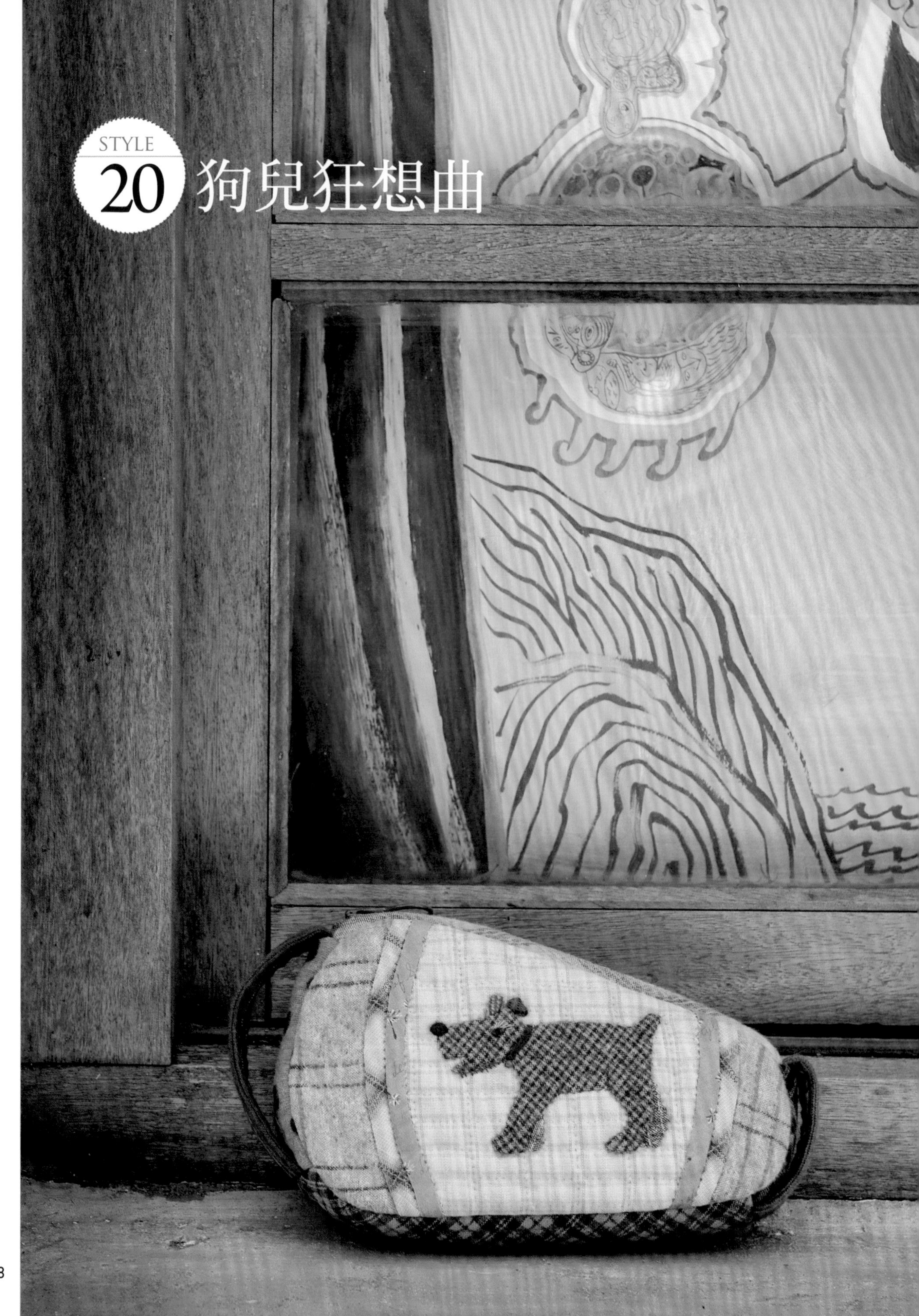

STYLE 20 狗兒狂想曲

Back

裝飾著俏皮狗狗圖案，可雙面使用的隨身小包，令人愛不釋手！以深色格紋布作為底部滾邊，不僅耐髒，也使袋物散發出專屬學院風的清新氣質。

HOW TO MAKE → P.130

紙型 D 面

STYLE
21
橙光

以傳統圖形Orange Peel為主題，搭配深色系先染布的小巧提袋。將袋底作得稍寬，提升袋物的收納空間，選用圓形木製手把，作品質感大大加分！

HOW TO MAKE → P.120 至 P.121

紙型 C 面

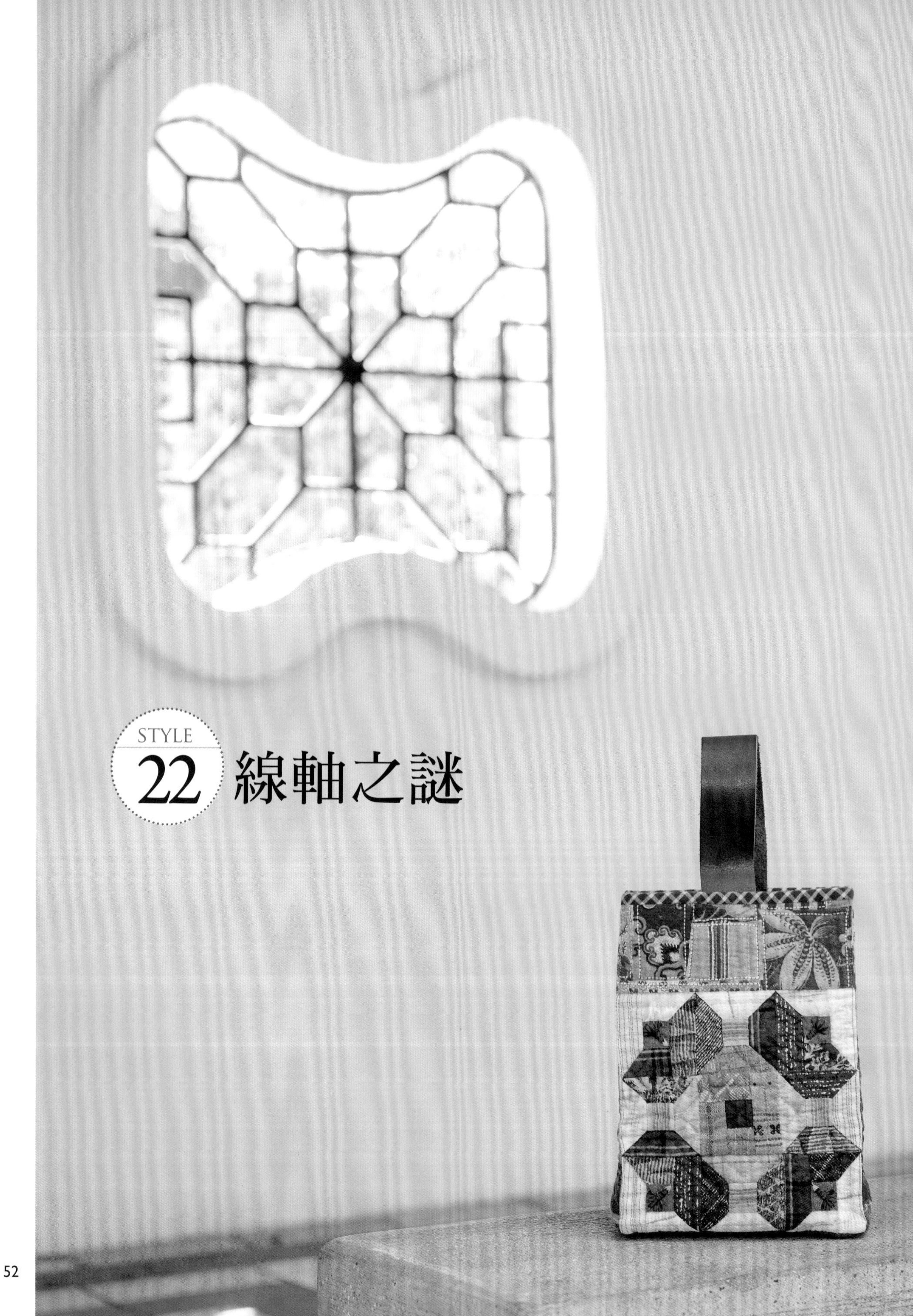

STYLE 22 線軸之謎

以線軸圖形作為拼接主題的單提把包，選用較為成熟花樣的圖案布製作，側身以機縫壓線增加布料的立體感，是一款具有大人味的高雅袋物。

HOW TO MAKE → P.122 至 P.123

紙型 D 面

STYLE

# 23 花園綺想

拼接傳統圖形祖母花園作成表袋，提把與側身採一體成型的方式製作的肩背包，只須運用平時收集的小片零碼布，就可創作出截然不同感覺的手作包！

HOW TO MAKE → P.124 至 P.125

紙型 C 面

STYLE 24 記憶拼圖

以煙囪&柱石圖案拼接而成的大型拼布包，選用亮眼的紅色作為邊框，搭配大理石白色及藍色小方格，使袋物呈現出讓人眼睛為之一亮的驚艷感。

HOW TO MAKE → P.126 至 P.127

紙型 C 面

STYLE

# 25 方塊舞

表袋一半以Nine Patch圖案拼接，另一半則搭配深褐色先染布，呈現明暗的對比效果，圖案採以圓形壓線增加柔和感，穩重又典雅。

HOW TO MAKE → P.128 至 P.129

----紙型 A 面

パ
ツ
店
チ
ワ
教
室
Q
P
U
A
I
R
科医院
不動産 売買・仲介
アービック・市川店
センター

Yoko Saito`s Love Style

跟著我們從台灣飛到日本，

一探斉藤老師的手作世界吧！

# 日本直擊——
# Elegant Bag Style.25 製作花絮

攝影＝賴光煜・蔡毓玲
撰文＝蔡毓玲

為了籌備這本台灣首賣的拼布書，除了頻繁的書信往來之外，雅書堂編輯部亦曾多次前往日本，拜訪由斉藤老師設立經營的「QUILT PARTY」，洽談書籍企畫。本書詳細的分解步驟拍攝，當然也是在日本進行，精密的製作流程、對作品毫不妥協的態度，再再讓我們見識到專業的職人風采。製作花絮將會讓你看見更多不一樣的斉藤大師！

## QUILT PARTY——幸福的選布時光

愛上十八世紀的美國傳統拼布，因而踏上拼布創作之路的斉藤老師，她與拼布之間的緣分，至今已經延續了四十年。最初只是作為興趣的拼布，在不斷精進技巧與持續創作之下，讓斉藤老師於1985年創立了「QUILT PARTY」，並且在開店五年後開始拼布班的教學授課。沉穩雅致又不失童心的斉藤風格，漸漸在全球拼布界打出知名度，台灣也在十七年前開始邀請斉藤老師前來開授講習會。如今，台灣是斉藤老師最喜歡、最有感情的國家，斉藤老師也已成為各國爭相邀請的拼布大師。接下來，讓我們一起前往斉藤老師設立的「QUILT PARTY」看看吧！

位於千葉縣市川市的「QUILT PARTY」雖然在東京鄰縣，從東京車站搭電車卻只要二十分鐘左右，交通非常方便。走出市川站，沿著商店林立的緩坡步行不到十分鐘，就可以看見外窗貼有「QUILT PARTY」字樣的大樓了。一樓入口處放著木製招牌，告訴我們「沒錯，就是這裡！」懷著雀躍的心情走上二樓，帶著些許懷舊氣息的玄關就在眼前，門外還有排排坐的小熊們列隊歡迎呢！

推開鑲著玻璃的木門，走進採光極佳的店內，左手邊一整排直達天花板的布料櫃立刻躍入眼簾，整匹的布料依色系分門別類，宛如漸層畫作。賞心悅目又方便選布配色。右側靠窗的牆面則設有斉藤老師的世紀典藏布料專區，令人愛不釋手的花色們齊聚一堂，想必大家在挑選時都是既開心又有點傷腦筋吧？中間設置了兩排矮櫃，分別陳列著各式拼布工具、書籍、材料包與鈕釦等配件，縱深型空間的中間為裁布檯，後方即是拼布教室。

這裡的拼布課程分為初、中、高級，平日的上午下午都有班，斉藤老師外的師資皆由助手輪流，初級課程的兩位老師皆為助手，中級課程開始為斉藤老師與一位助手，高級以上就全都是由斉藤老師指導了。來自九州、大阪、青森等日本各地的高級班學生當中，有許多已是拼布老師，亦不乏在拼布展得獎的創作者，但是為了聆聽的斉藤老師的教導，全都不遠千里的前來。

在大樓入口處的QUILT PARTY招牌。

各式布料以顏色區分，一目瞭然又方便選色。配色用的小布塊，則是放在平台式的木櫃裡，同樣摺疊整齊以顏色分類。

採光良好的店內，各種縫紉工具、配件素材都井然有序的分類陳列著。

明亮的窗邊，設置了斉藤謠子老師設計的布料專區，一字排開的繽紛花樣真是美不勝收。

## QUILT PARTY——

## 一探拼布大師工作室

斉藤老師的工作室一角。這就是老師自己設計，方便製作大型作品的拼布架。捲在橫桿上的作品不會垂地，而且只要轉動桿子，就能調整要縫製的區域。周圍井然有序的布料收納，有沒有讓你偷學到幾招呢？

店面上方的三樓，除了是斉藤老師的工作室，還有負責「QUILT PARTY」網購的出貨部門，為了處理遍布日本各地的拼布人需求，只見工作人員忙碌的包裝著訂單物品。無論是員工還是拼布助手，斉藤老師總是非常熱情又一臉驕傲的將對方介紹給我們，正因為有他們的存在，正因為他們是如此值得信任，斉藤老師才能將經營之事全權委託，專注於創作。我們也才得以在斉藤老師出版的書籍與原創設計布中，看見無盡的創意與精湛作品。真的十分感謝在「QUILT PARTY」工作的所有人員，謝謝你們！

來到斉藤老師平日工作的地方，室內陳設十分簡潔：老師構思設計時使用的書桌、兩張方便工作的長桌、一個收放參考資料的書櫃、拼布架，還有很多很多的布！所有布料都放在堅固的金屬層架上，依照色系疊放，方便斉藤老師在構思作品時進行配色。手作人多半都有收集某項工具的嗜好，也許不是刻意收集，但不知不覺中就擁有了一大堆。對斉藤老師而言，這項工具肯定就是剪刀了！老師書桌上滿滿一大把的剪刀，立刻吸引了我們的目光。忍不住問斉藤老師：

「這些剪刀都有在用嗎？」

「有啊。」

「怎麼會有這麼多支呢？」

「因為我本身就很喜歡剪刀，製作拼布或貼布繡時，剪刀又是不可或缺的工具，一旦不利了，就要換新。不過，舊的還是可以用在剪紙等其他用途。」

這就是剪刀們的由來了！

另一個引人矚目的，肯定就是那超大型的拼布架了！這個拼布架，是斉藤老師開始學習拼布沒多久就下定決心，要自行設計一個適合自己的原創拼布架。現在也是「QUILT PARTY」的人氣商品之一，尺寸還可以依個人需求訂製，無論想要製作多麼大型的作品都適用呢！編輯部來訪時，架上正是2014年一月要在「東京國際拼布展」展出，長達五公尺巨作的嚕嚕米拼布。這個結合拼布與童話的跨國企畫，約從二年前開始進行，為了準備這五十件規模盛大的主題作品，斉藤老師不得不推掉許多邀約。即使如此，整個拼布團隊還是緊鑼密鼓的忙碌著。這時，斉藤老師又再度感謝起助手們。提拔後進不遺餘力，謙虛、感恩的真誠態度，絲毫不因享譽國際的名聲而自滿自傲。或許，這正是斉藤老師之所以成為大師的緣故。

斉藤老師的書桌一角。這數量驚人的剪刀，據說每一把都有它的用途，也都是使用中的狀態喔！

一進工作室，首先是方便工作的長桌和一些縫紉工具，後方的書櫃放滿了參考資料，以及斉藤老師歷年來出版的書籍。

## Elegant Bag Style.25花絮——專業不容妥協

為了拍攝本書包包的分解步驟單元，編輯部一行人再度前往QUILT PARTY。初次與大師合作，大家心中不禁都有點緊張，又有點雀躍。拍攝地點是在店面後方，平常上課的教室，斉藤老師之前出版的拼布書，也是在這裡進行步驟示範的拍攝喔！原本排列整齊的桌椅皆已收起，預留出一個攝影空間，以及助手們的工作區。

在老師親切的招呼之下，雙方簡短的討論一下，先確定了後續的攝影流程與項目。出書經驗豐富的斉藤老師，對於畫面的色彩呈現十分要求。依據即將拍攝的縫紉工具、示範作品布料花色，在實際對比過後，從店內現有的布匹中，挑出襯底的背景——就是那塊稍亮的芥末黃布料。而斉藤老師的縫紉工具，除了照片裡的拼布包，其實還有一大盒工具箱收納著，日常使用的物品畢竟不會光潔如新，因此老師皺著眉頭挑選了很久。一邊挑一邊跟助手說：「唉呀，這個不行。」「沒有再新一點的嗎？」「這個是不是比較好？」「去店裡拆個新的好了！」即使是這些小細節，斉藤老師也不含糊。

本書收錄的「藍色花境」，是在編輯眼前從無到有完成的作品。首先由斉藤老師示範製作技巧，再由助手接力完成該部分的疏縫、藏針縫等工作。行雲流水的作業模式，讓我們得以一窺斉藤老師平日的工作模樣。也因為有專業分工的助手們幫忙，所以拍攝時，包包的袋身、拉鍊、袋蓋、貼布繡等，其實都是同步進行的。雖然如此，但凡需要縫製的部分，全都經過疏縫固定、車縫、藏針縫收邊的作業。每一道該燙的褶份，該修的布邊，也都仔細處理。並不因為緊湊的攝影進度，就簡單帶過讀者們看不見的地方。這是對作品的堅持，更是不容妥協的專業態度。也正是這些繁瑣的細節，讓斉藤老師的成品顯得更精緻。

斉藤謠子——是拼布大師，也代表了一個團體——而且正如其名，是一群專業職人開心享受拼布樂趣的QUILT PARTY！

認真挑選使用工具的斉藤老師，愛用工具包也是拼布作品！

即使縫製過無數個拉鍊，每次製作時，仍然以嚴謹的態度面對。

疏縫固定、燙開摺份，看不見的小細節也毫不妥協。

斉藤老師加上兩名助手毫不停歇的接力製作，如此拍了兩天才完成所有示範。

花絮Only！發現使用縫紉機的斉藤老師！

# 迷你專訪——斉藤老師私人愛包分享

以下介紹的四個包包，都是我平常外出使用的包。

由於能夠空出兩手的斜背包非常方便，因此這種款式的包包就比較多。

接下來，簡單介紹一下這些包包各自的特色吧！

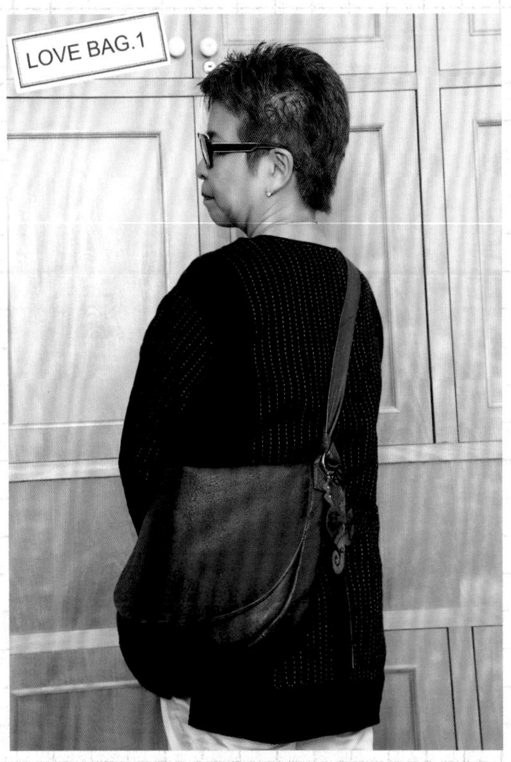


外形極簡的皮革包，基本的款式無論搭配什麼衣服都很好看。

可以容納大量物品的便利包包。由於多設計了一條肩背帶，因此是可手提亦可肩背的兩用包。

輕巧的尼龍材質。藉由美麗的刺繡，在包包上面作出浮雕般的效果，讓我非常喜歡這款包包。

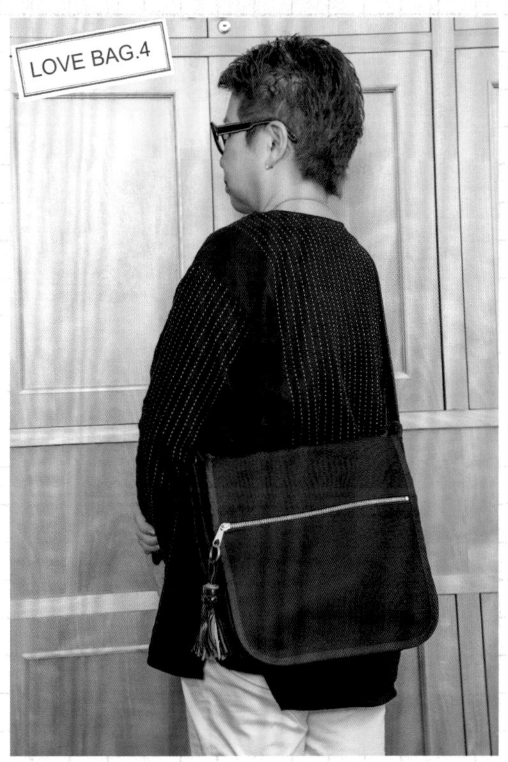


具有很多方便收納物品的夾層。因為可以輕鬆拿取票卡之類的小東西，旅行時也非常適用呢！

Yoko Saito`s Love Sewing

懷著鍾愛的心情選布、裁布、設計……

製作出獨一無二的拼布包是最棒的事情！

# 基本縫法

**Sewing point**

◎作法中用到的數字單位為cm。

◎拼布作品的尺寸會因為布料種類、壓線的多寡、鋪棉厚度、及縫製者的手感而略有不同。

◎拼接布片的縫份為0.7cm（有些作品為1cm）、貼布縫布片則另加0.3至0.4cm左右的縫份。

◎提包皆為機縫製作，若以手縫製作請以回針縫縫製。

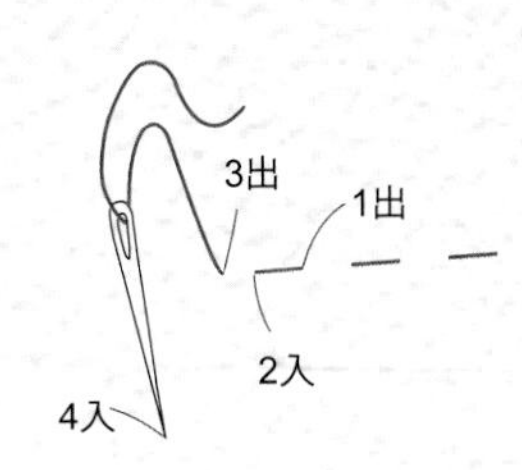


**2 直線縫**

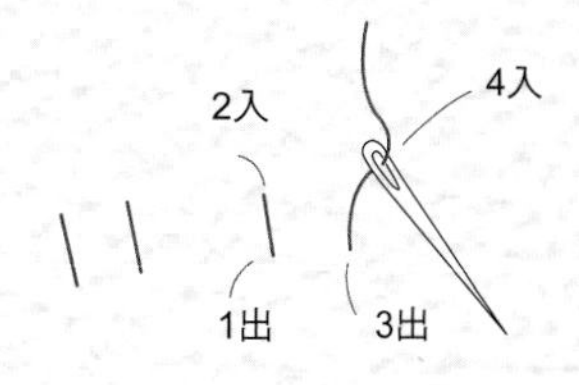


**3 回針縫**

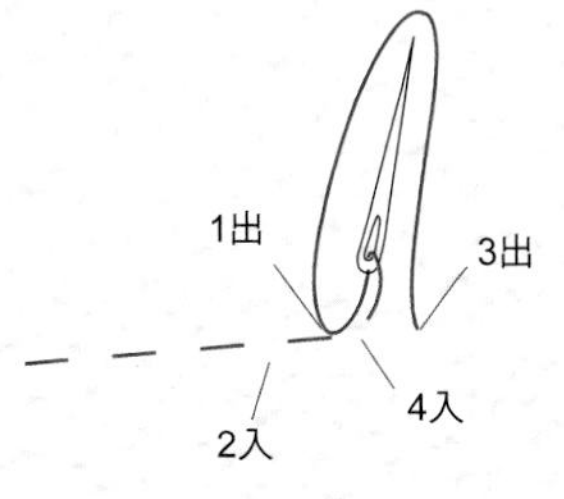


**4 輪廓繡**

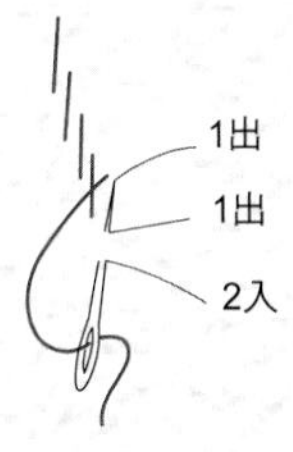


**5 結粒繡**

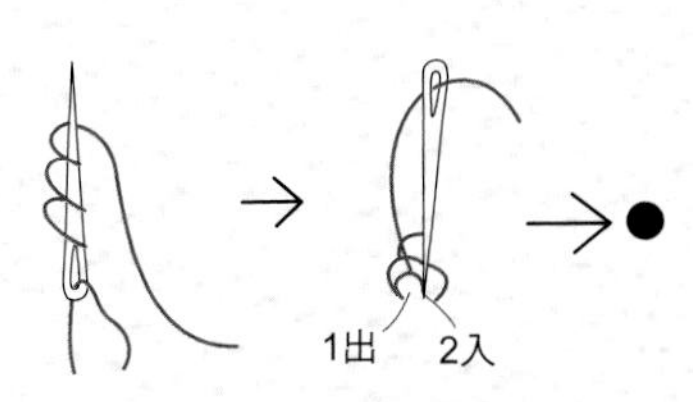


**6 緞面繡**

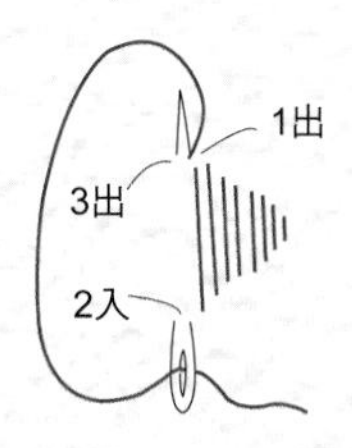


**7 毛毯繡**

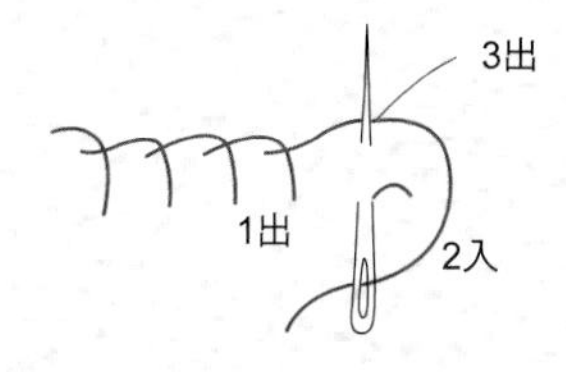


**8 雛菊繡**

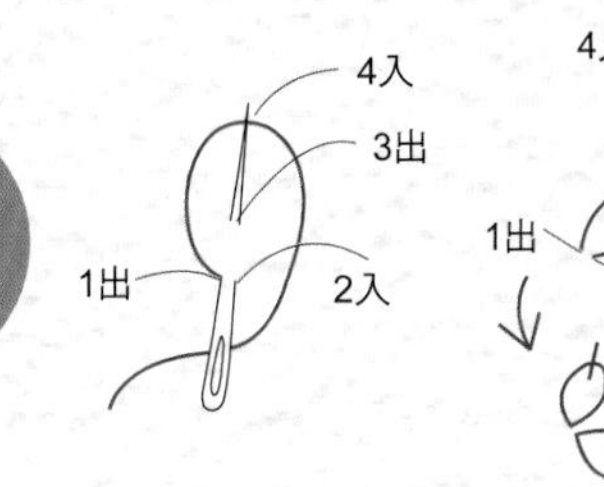


**9 鎖鍊繡**

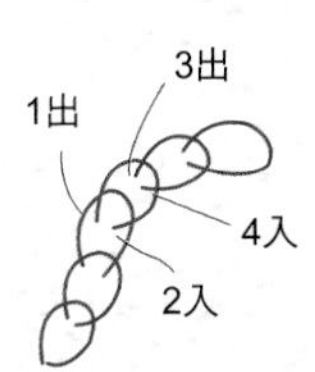


**10 千鳥繡**

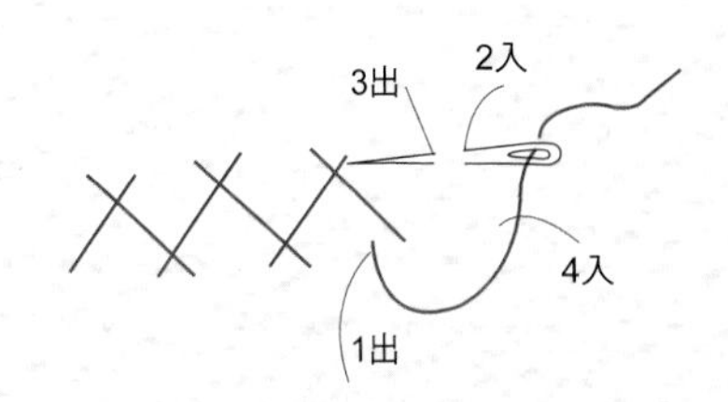


**11 羽毛繡**

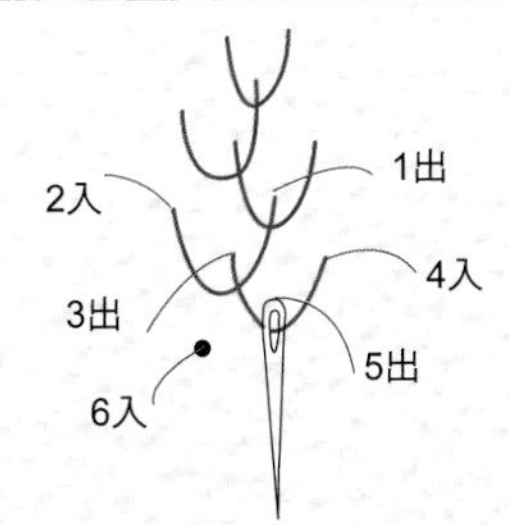


**12 八字繡**

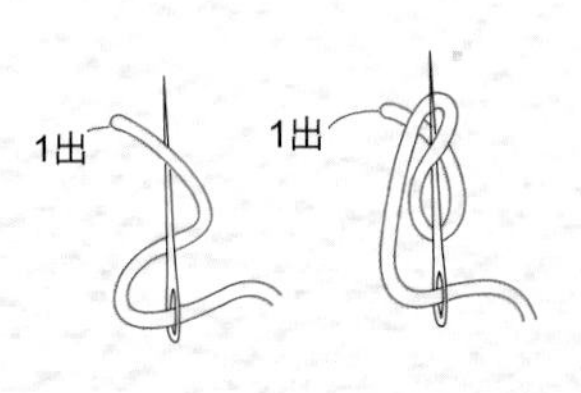


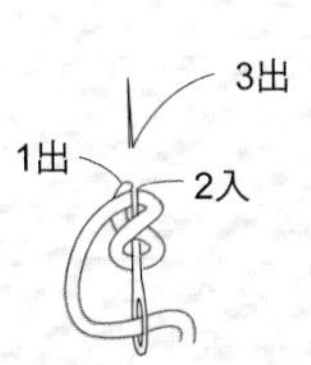

# 基礎縫紉工具

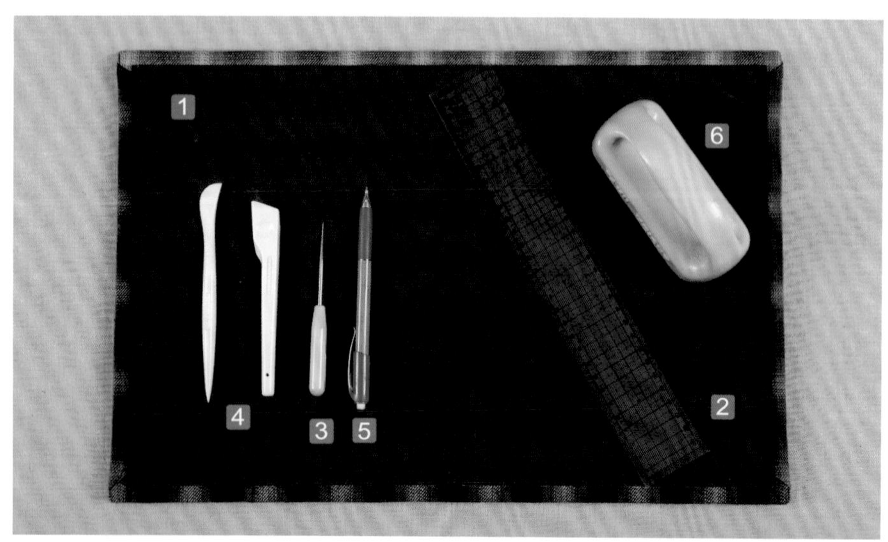

**1 拼布板** 粗糙面用於描繪布料記號，表面柔軟面則適用於使用骨筆時。另一面布料質地可作為燙板使用。

**2 尺** 製作紙型或描繪壓線線條時使用，建議選擇有平行線或是網格的款式。

**3 錐子** 製作紙型描繪記號時使用，用來包覆縫份時非常方便。

**4 直線用骨筆、弧線用骨筆** 使縫份倒向一側，或壓出摺線時使用。

**5 記號筆** 在布料上描繪記號及畫出壓線線條時使用。

**6 布鎮** 壓縫作品或進行貼布縫時，用來固定布料的重物。

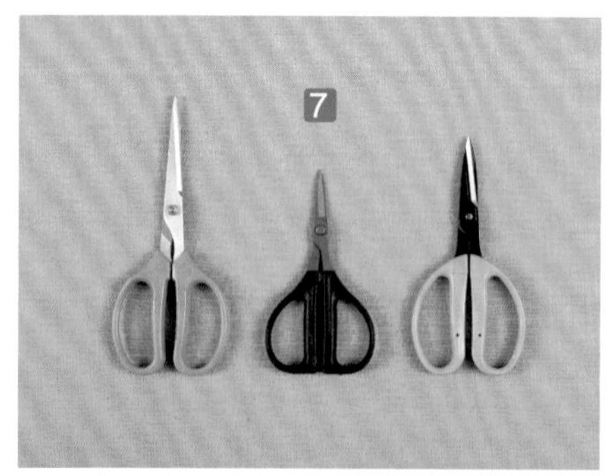

7 常用剪刀

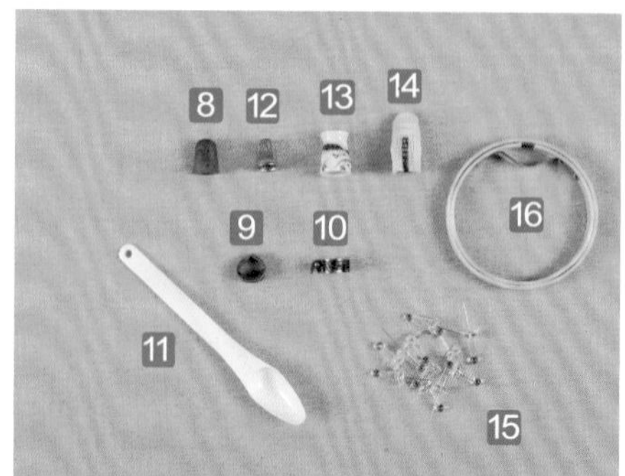

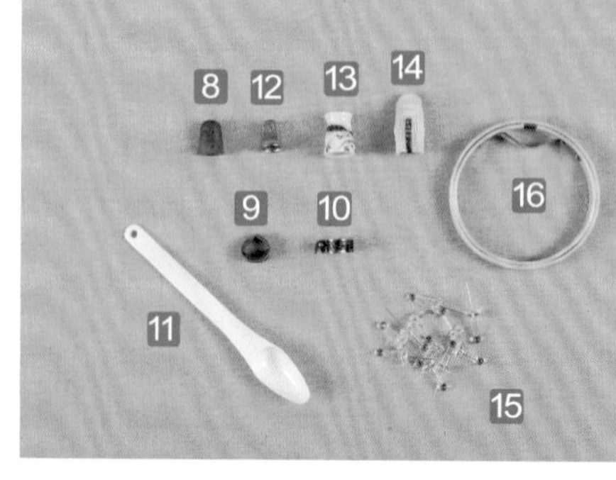

**8 橡皮指套**

**9 指套** 壓線時使用。

**10 指套切線器** 進行縫紉作業時使用。

**11 湯匙** 疏縫時使用。

**12 金屬指套**

**13 陶瓷指套**

**14 皮革指套**

**15 疏縫釘** 固定裡布．拼布鋪棉．表布三層重疊的部分。

**16 刺繡框** 壓縫作品時使用。

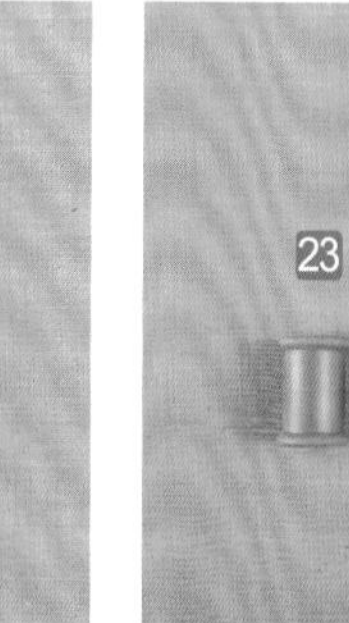

17 珠針
18 珠針
19 疏縫針
20 手縫針（黑色）
21 壓線針
22 手縫針

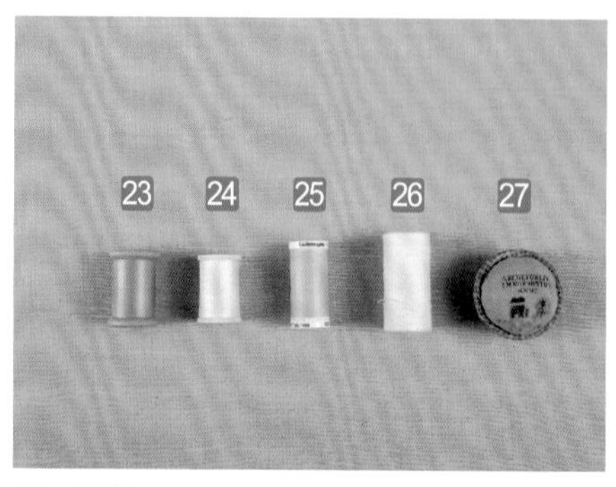

23 縫線
24 縫線
25 縫線
26 疏縫線
27 針插

# 作法示範

style **06**

## 藍色花境

**材料＆用布**

表布……40cm×110cm
袋蓋……40cm×60cm
主體表布……50cm×110cm
提把……20cm×50cm
裡布……60cm×110cm
鋪棉……90cm×110cm
接著襯
包繩
磁釦
貼布縫用布
繡線
內襯
◎紙型B面

### 袋蓋製作

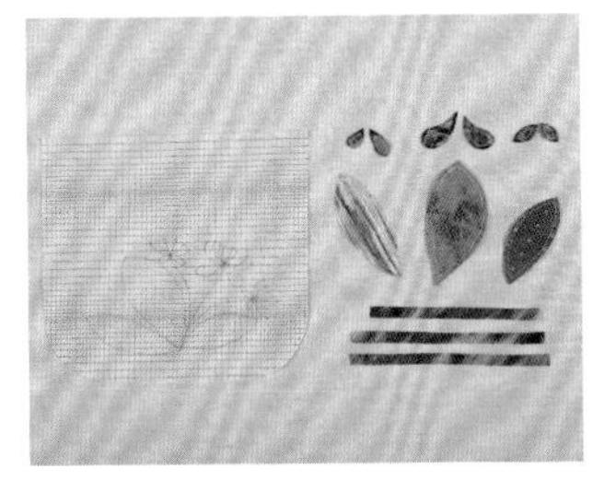

1 依紙型裁剪袋蓋布及貼布縫用布。

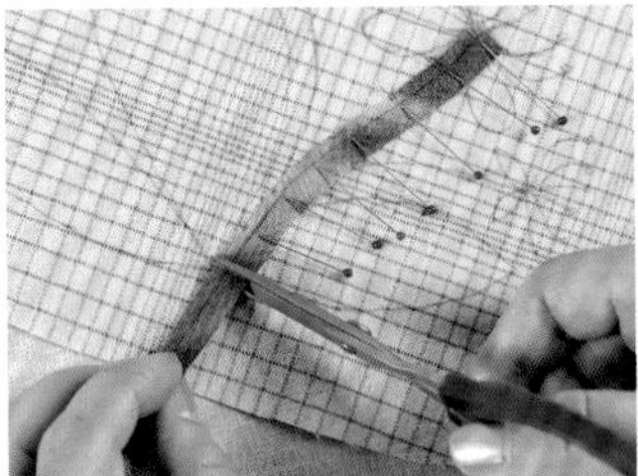

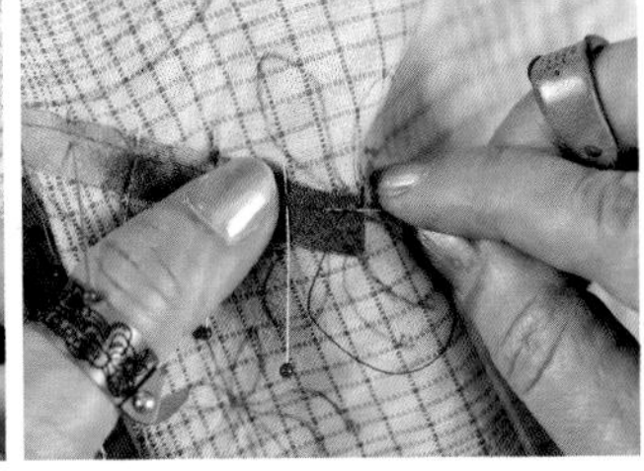

2 袋蓋表布依紙型畫上圖案記號，將枝幹布與袋蓋表布正面相對，先以珠針固定後，進行平針縫。

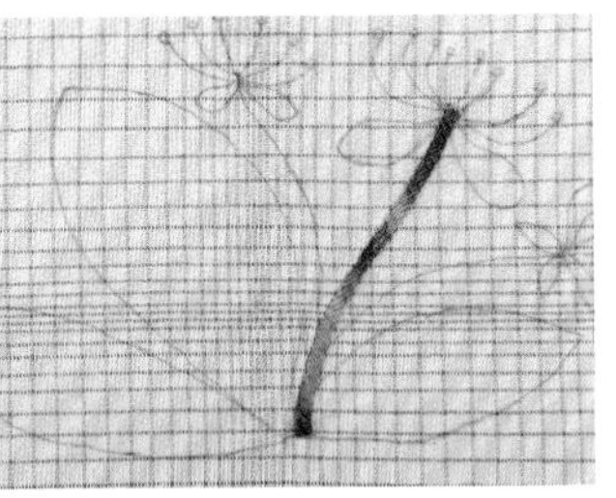

3 再將布條摺為0.3cm後，藏針縫合，完成莖。

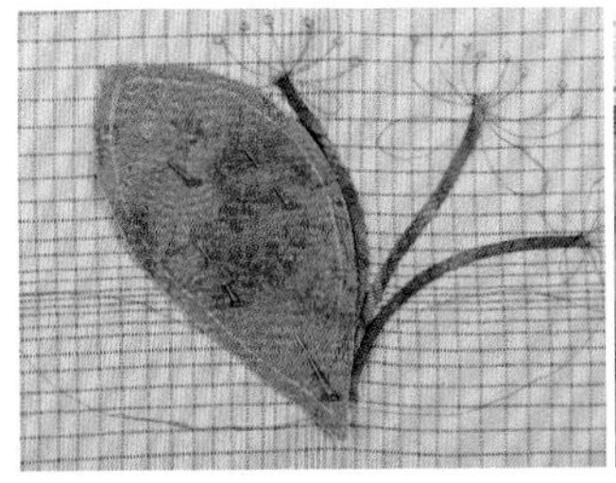

4 共完成3條莖，將葉片布與袋蓋表布正面相對，以珠針固定後，摺入縫份藏針縫合。

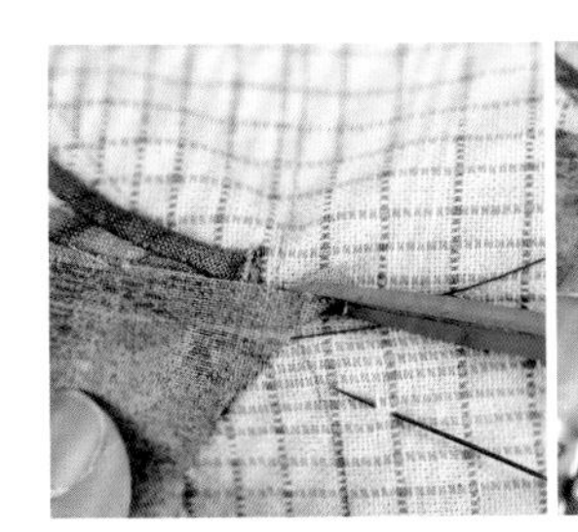

5 貼布繡葉尖時請先剪掉多餘布料，內摺3次，作出輪廓再縫合。

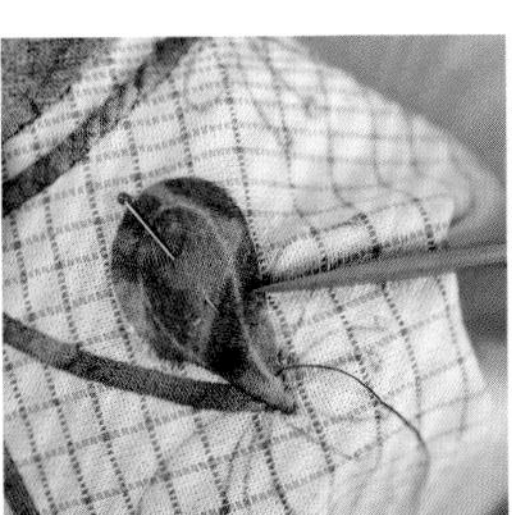

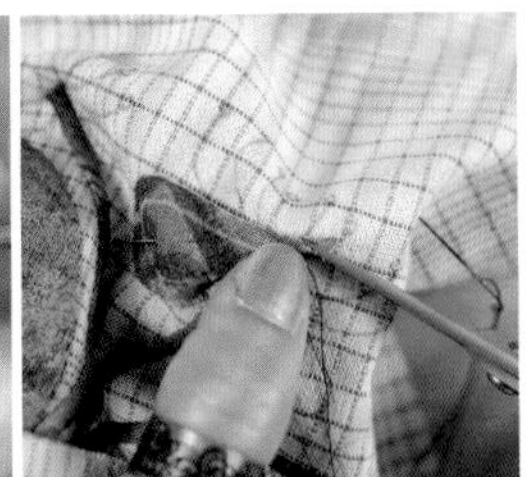

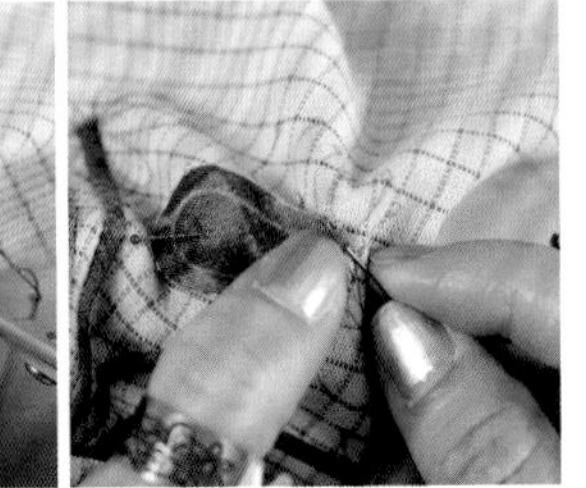

6 花瓣作法與葉子相同，凹處剪牙口，摺入後進行藏針縫。

7 以此作法完成花瓣。

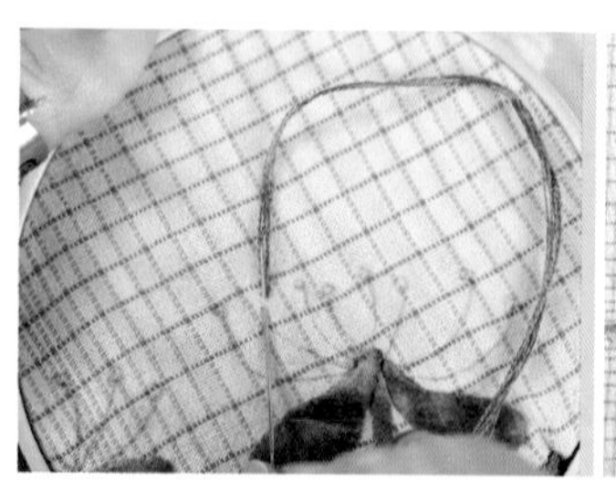

8 取4股繡線，繃上繡框，以輪廓繡（由上往下）繡出花梗，以結粒繡（繞2次）作出花芯。如圖。

9 以水消筆畫出葉脈並車縫。

10 將完成圖案的表布釘上薄布襯，釘上鋪棉，表布畫壓縫基本線，釘上表布，從中央開始疏縫。（在此使用湯匙作為輔助）

11 畫上袋蓋基本線。

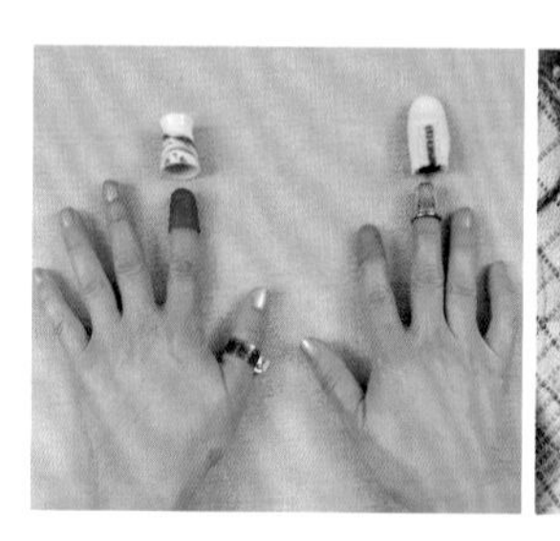

12 戴上頂針開始進行壓線。

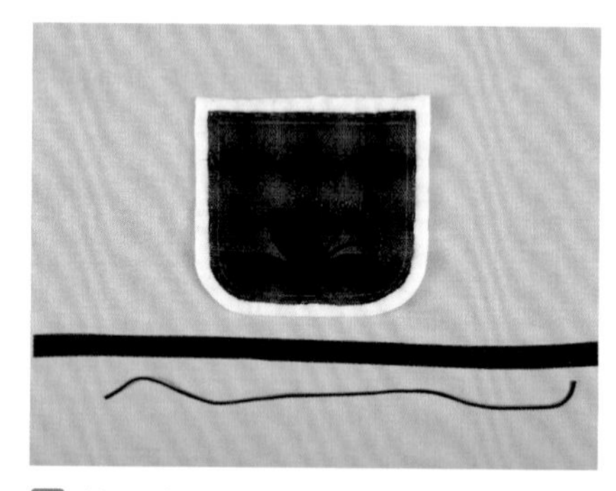

13 將完成圖案的袋蓋表布疏縫於鋪棉上，畫上完成線。袋蓋表布與裡布加襯壓縫。並裁出芽布2×56cm。

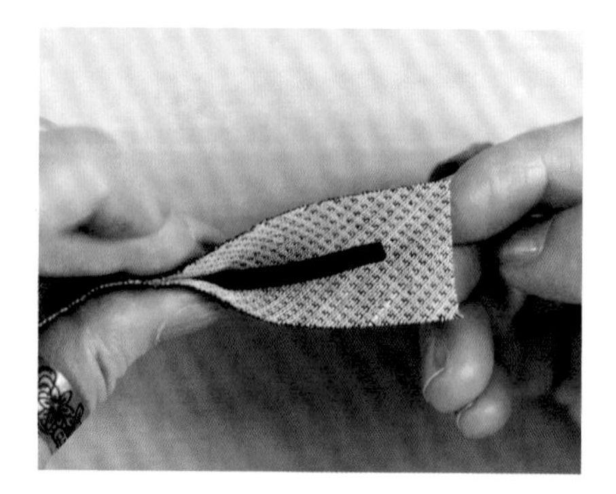

14 準備包繩。

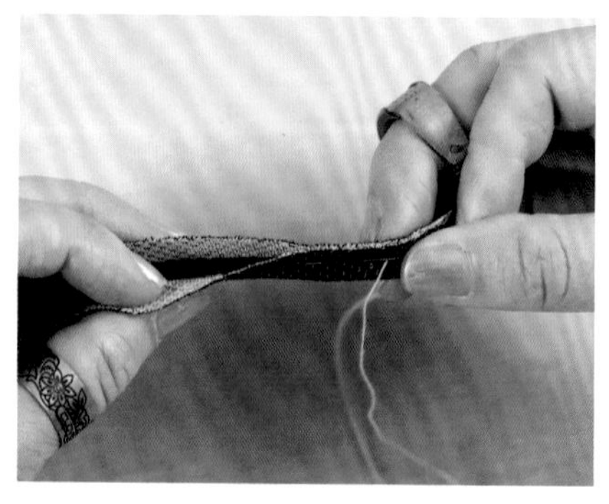

15 將包繩放入出芽布內，背面相對對摺縫合。

16 製作袋蓋包邊，將出芽布與袋蓋正面相對以珠針固定，沿線疏縫。

17 包邊對齊袋蓋完成線，以珠針固定，縫合。

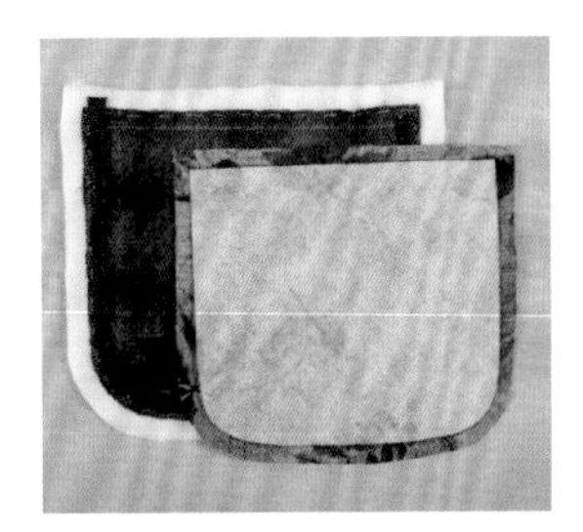

18 袋蓋裡布加襯。

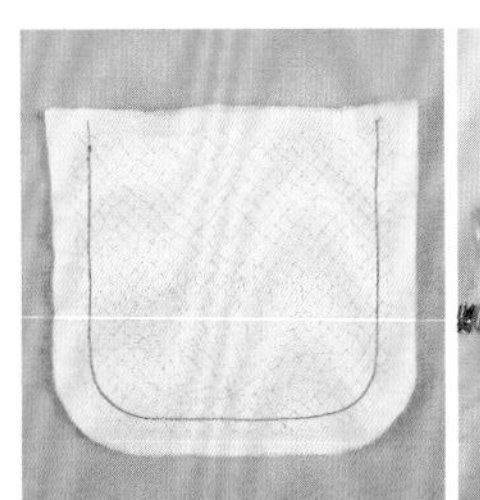

19 縫合袋蓋表布及裡布，剪掉多餘布襯，翻至正面。

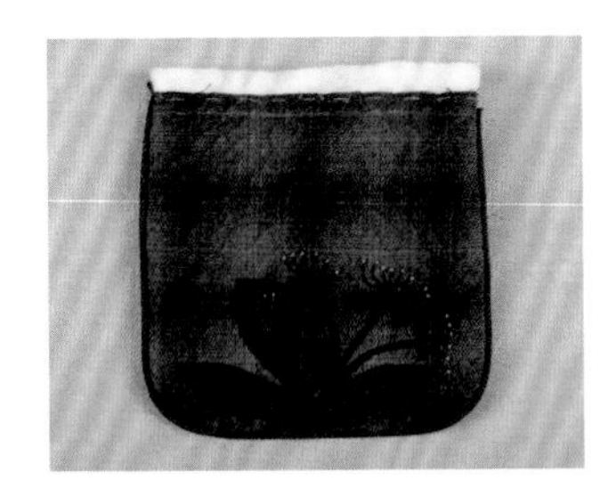

20 袋蓋完成。

## 縫製拉鍊

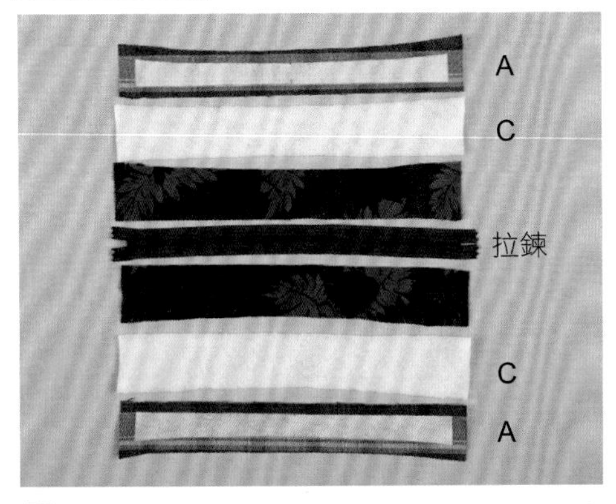


21 準備30cm拉鍊1條，依紙型裁布，如圖順序排好。A燙薄布襯2片，C為鋪棉。

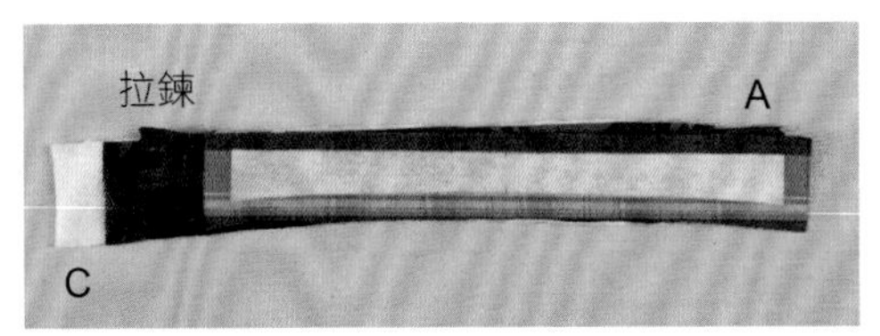


22 如圖順序疊放。

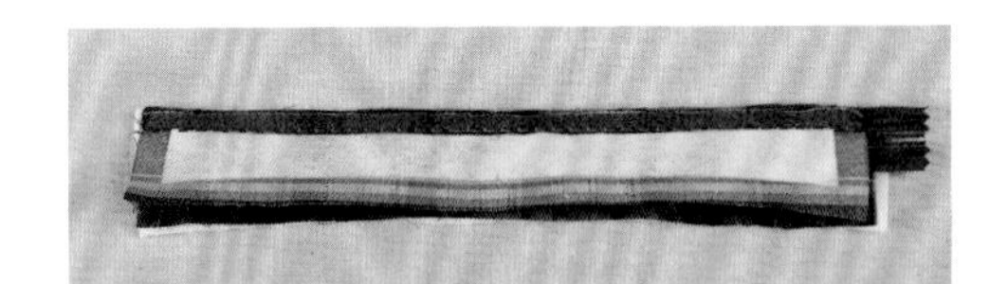

23 拉鍊單側縫合完成。

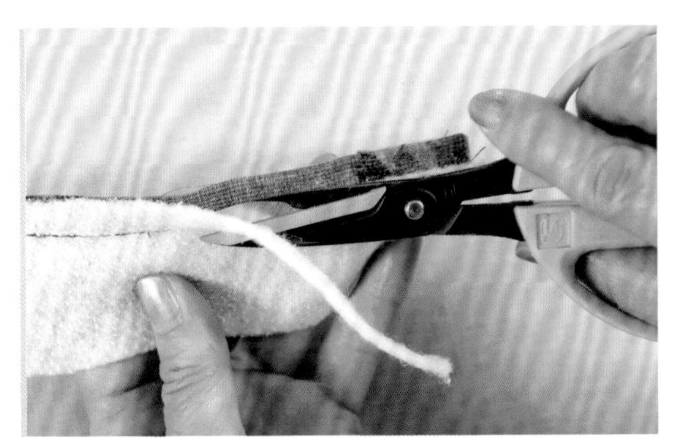
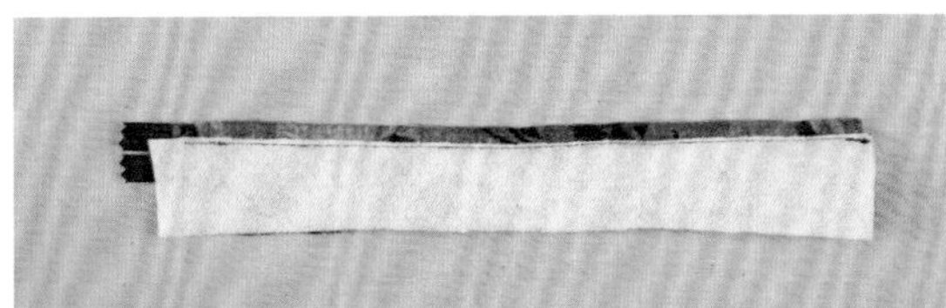

24 修剪多餘鋪棉，完成如圖。

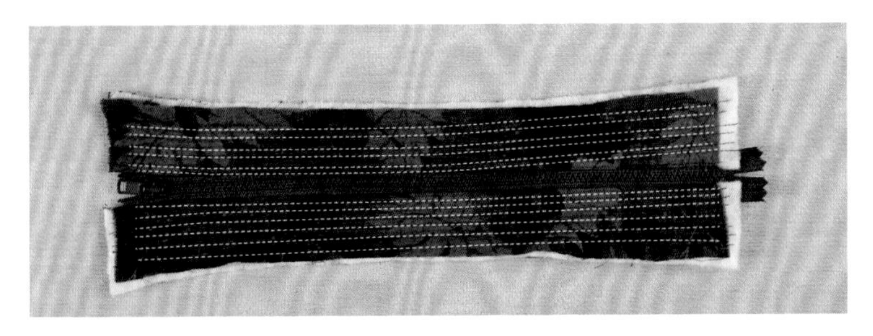

25 另一側作法相同，壓線。

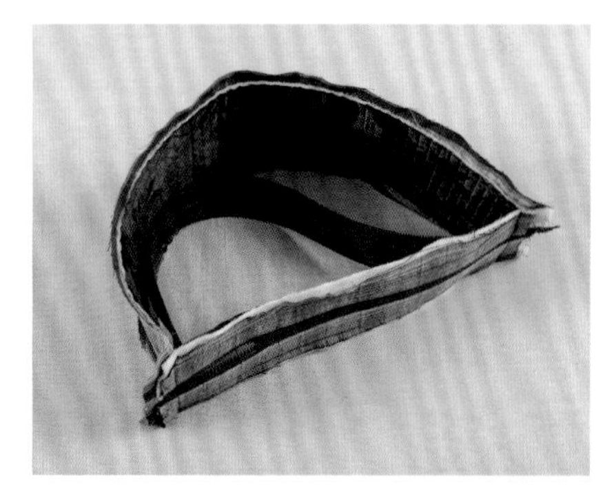

26 如圖將側身＋提把＋拉鍊口布疊放後，車縫兩側。

27 拉鍊背面以珠針固定包邊布，車縫。

28 剪去多餘布邊，包括拉鍊，請選用鋭利的剪刀。

29 拉鍊背面包邊布的另一邊，包入縫份後藏針縫合。

## 提把製作

30 提把用布：先染棉布8×50cm、內襯4×48cm。

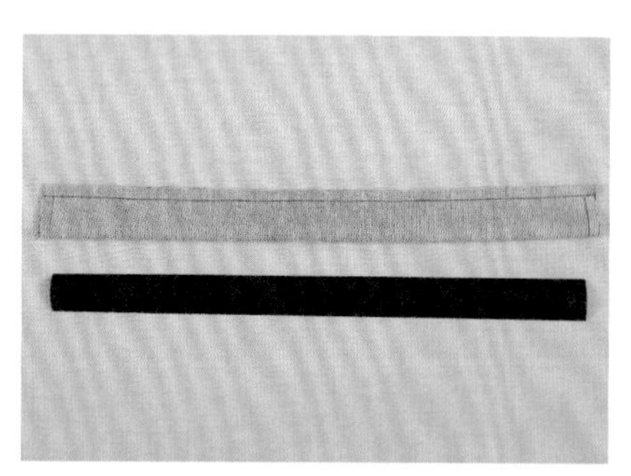

31 提把表布正面相對對摺後車縫。

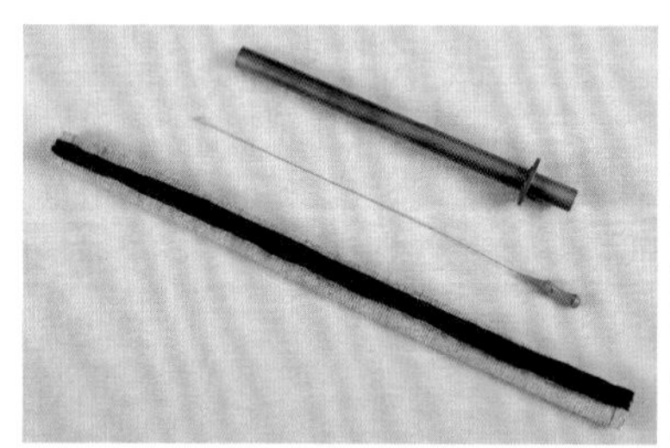

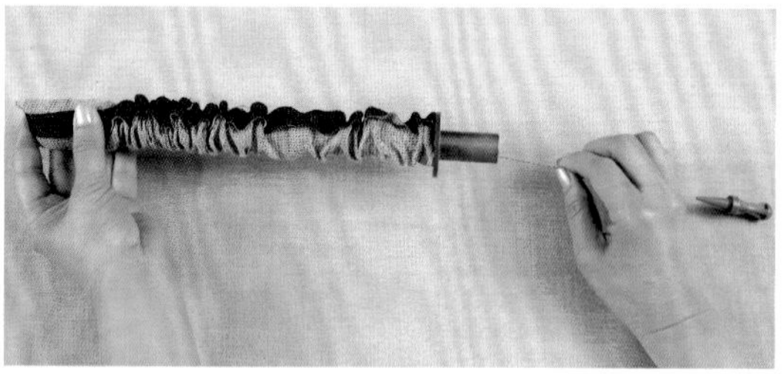

32 準備返裡工具，將金屬棒放入提把表布，再放入拉勾。

33 將內襯放入，以拉勾輔助，將其拉入。

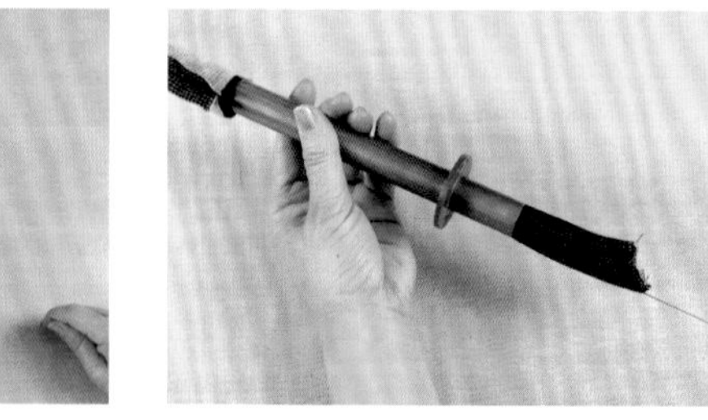

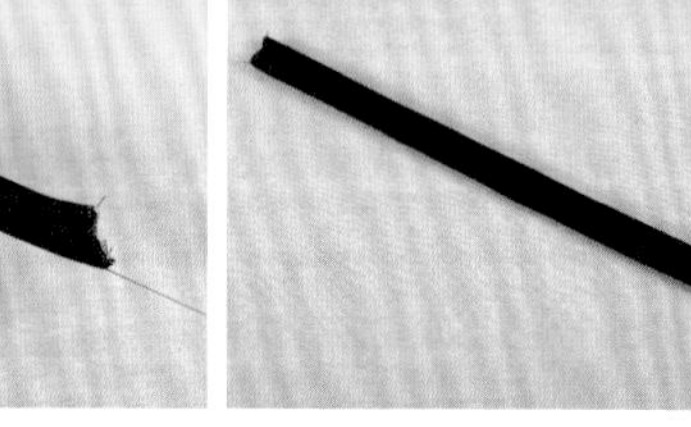

34 從金屬棒拉出提把即完成。

## 組合

35 表袋身與裡袋身加襯壓縫。

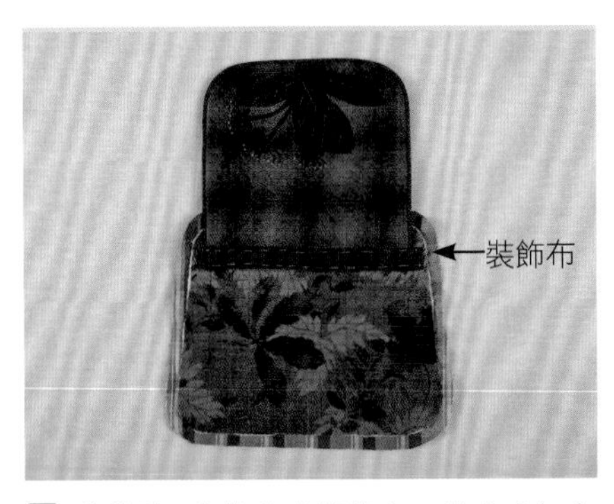


36 將袋蓋&後袋身疏縫接合，接合處加上裝飾布。

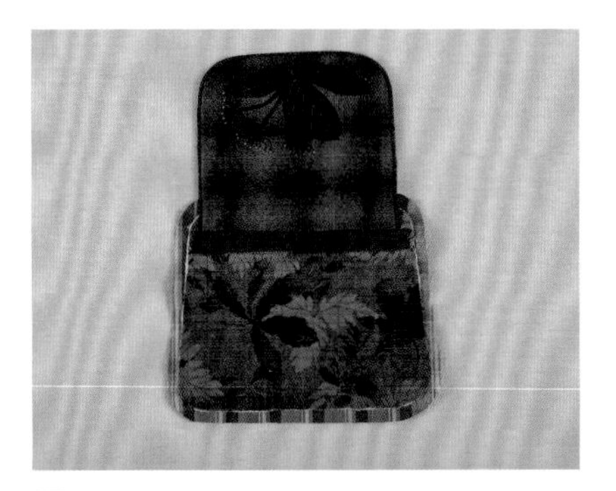

37 將袋蓋&後袋身車縫接合。

38 側身、表布與裡布加襯壓縫。

39 疏縫側身及袋蓋（先縫幾個定位點，再疏縫整體），進行車縫。

40 準備內側包邊布，包邊布起頭先摺入，從袋底中央開始，以珠針固定。將包邊布疏縫固定一圈。

41 包邊布車縫固定，修剪縫份，包入縫份，以珠針固定後藏針縫合。

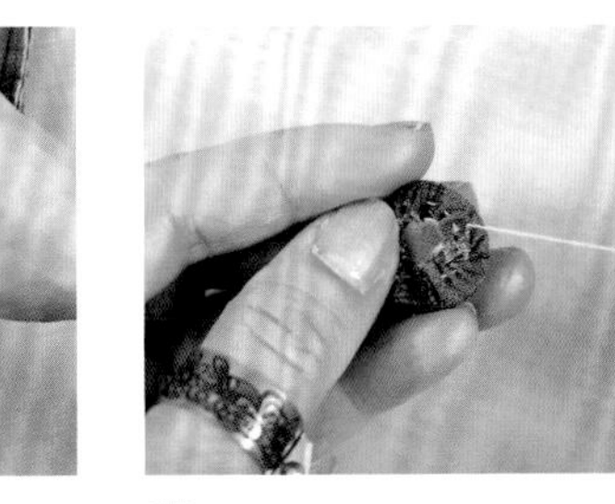

42 將磁釦定位後，剪圓形布片，取縫份0.7cm，平針縮縫。

43 內側縫份包邊完成後，縫上磁釦即完成。

# 技巧示範

## 布花

Yoko Saito`s Love Sewing

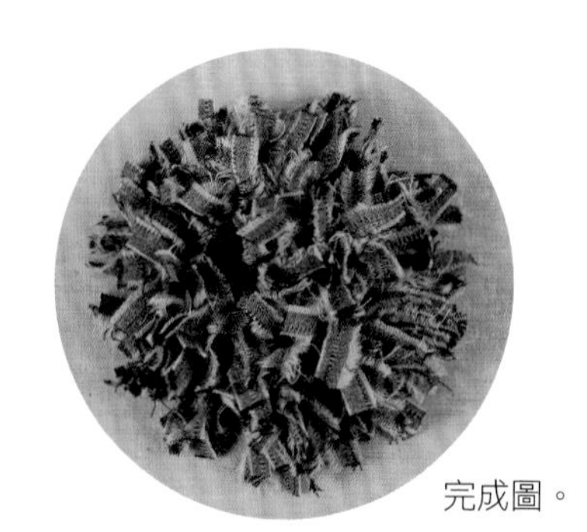

完成圖。

運用作品→P.36

1 將布花用布撕開。

2 將布條剪為8cm長。

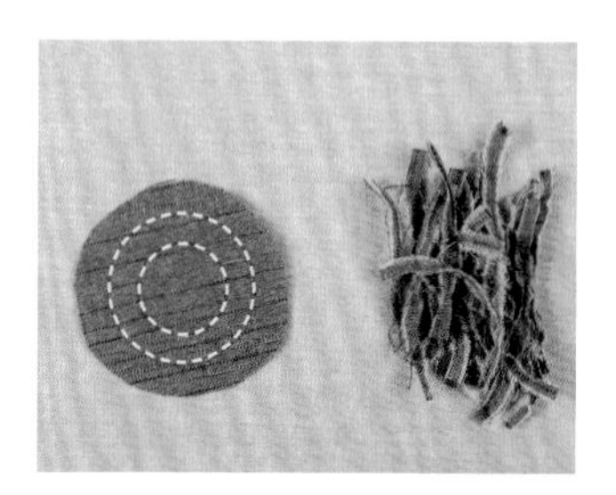

3 剪下圓形布片1片，如圖在布上作記號，備好8cm長布條數條。

4 將布條對摺，逆時針沿線縫一圈。

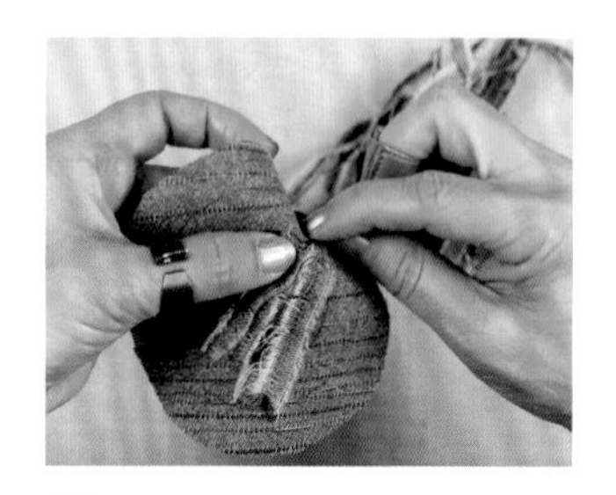

5 第2條相同作法縫上。

6 如圖縫滿一圈。

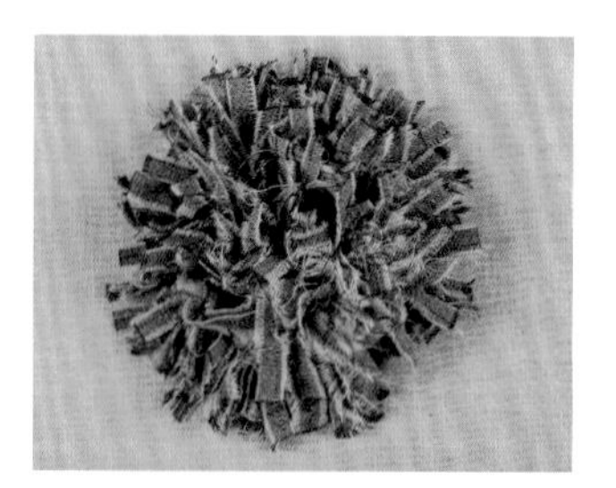

7 如圖將內圈填滿。

8 沿外圈剪下。

9 縮縫一圈。

10 放入胸針底座，拉線收緊，縫合固定。

11 裝上別針，扣上胸針墊片。

12 修整布花即完成。

# 技巧示範

Yoko Saito`s Love Sewing

## 開口式拉鍊

運用作品→P.40

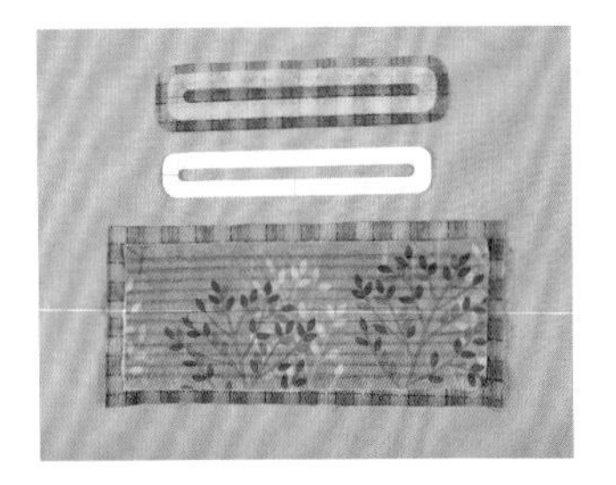

1 如圖準備拉鍊式開口材料：紙型、薄襯、拉鍊布。

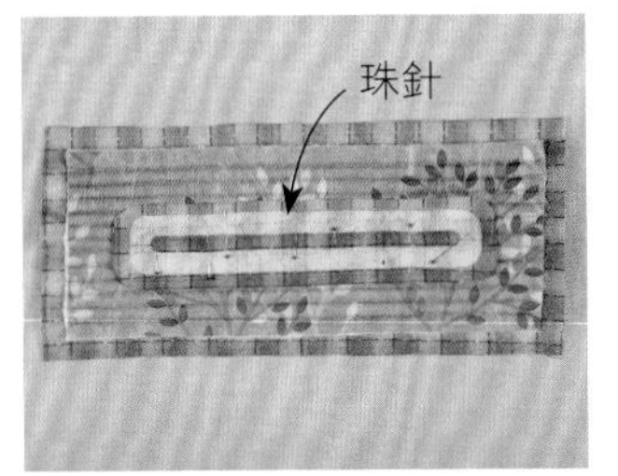


2 將表布與裡布正面相對，以珠針固定。

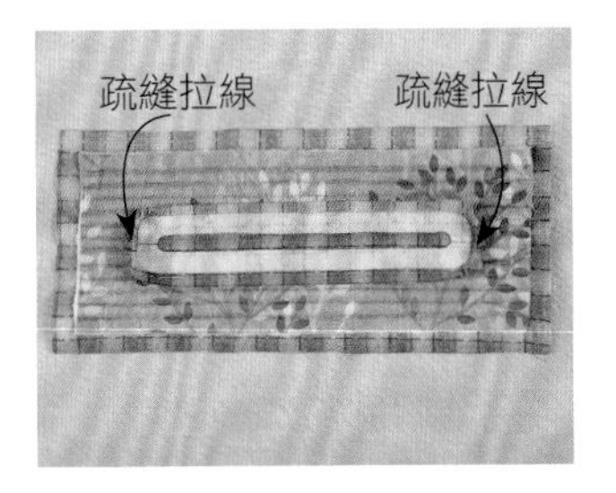


3 車縫中間拉鍊開口處，兩側疏縫拉線，呈立體狀。

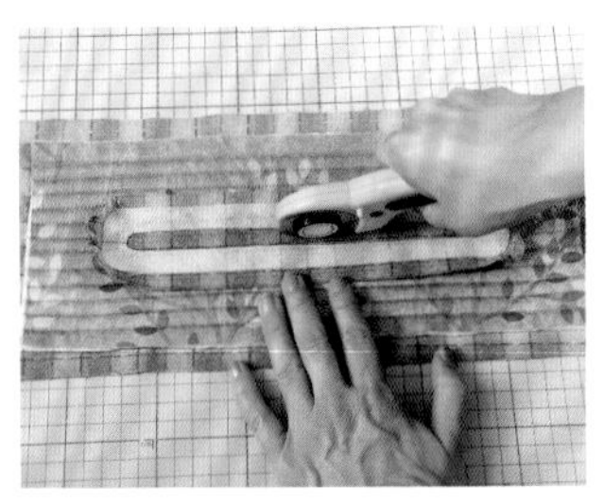

4 以裁刀將中間開口畫出切線。

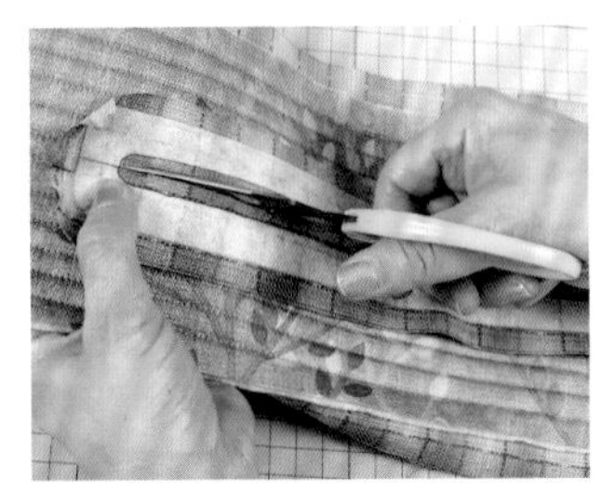

5 以剪刀剪開。

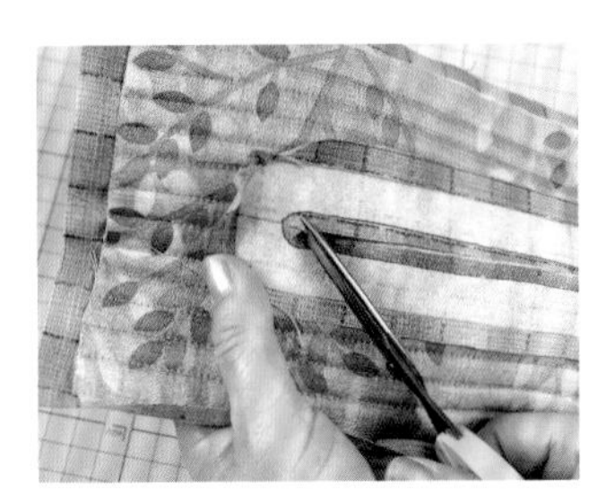

6 剪牙口。

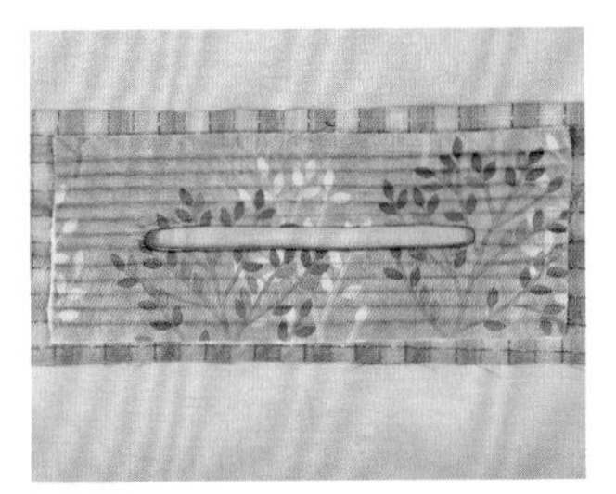

7 翻至正面。

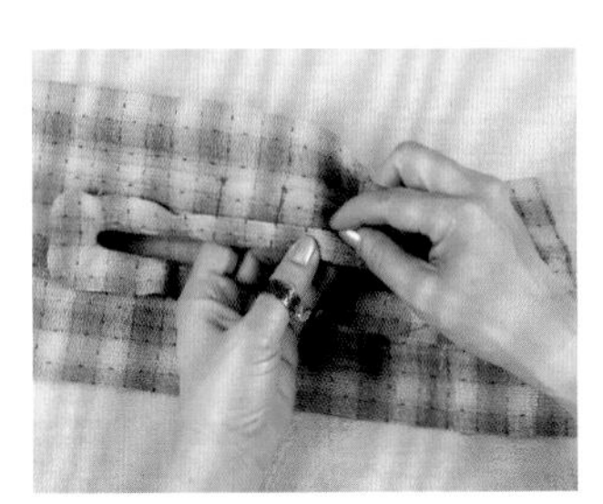

8 背面的拉鍊口布摺入後，先以珠針固定，再以藏針縫包邊。

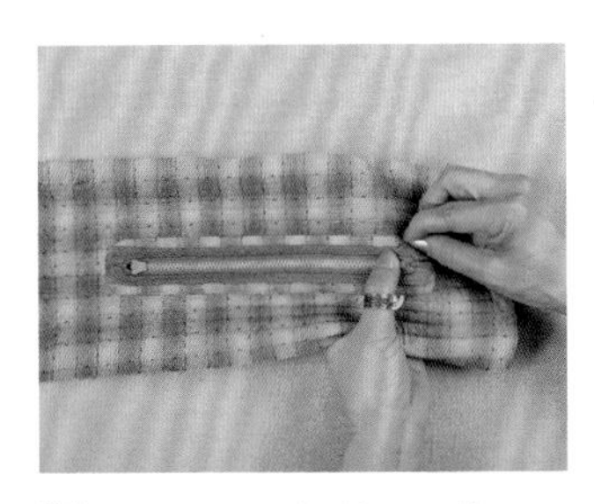

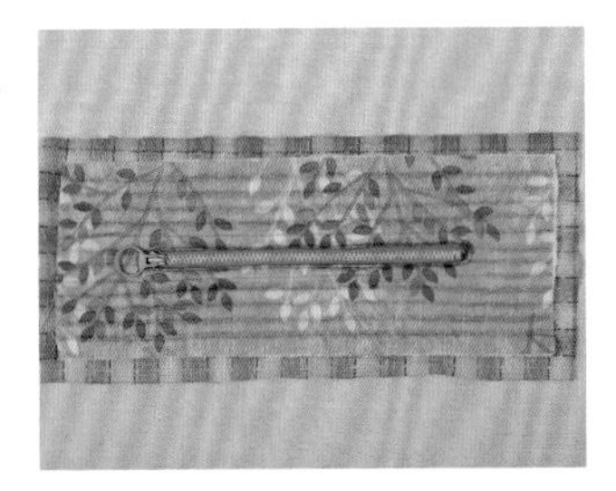

9 翻至正面，拉鍊口壓線。

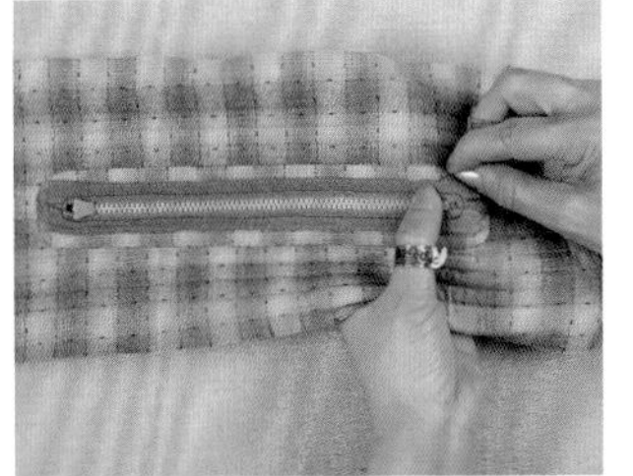

10 將拉鍊背面布邊內摺後，進行藏針縫即完成。

# 方格拼接

Yoko Saito`s Love Sewing

◎紙型A面

運用作品→P.58

1 依紙型裁下方格，並如圖排列。

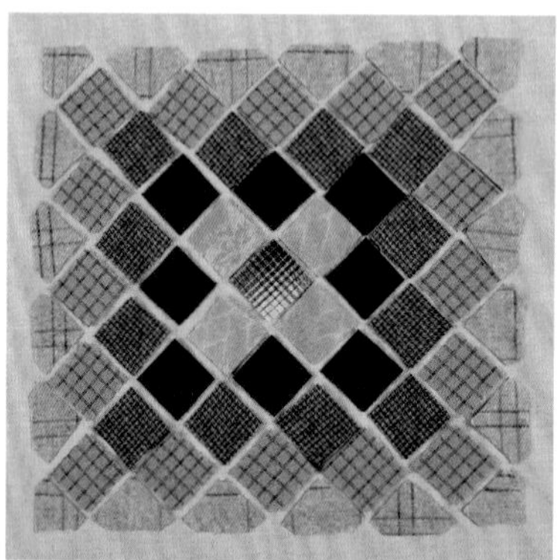

2 排列完成如圖。

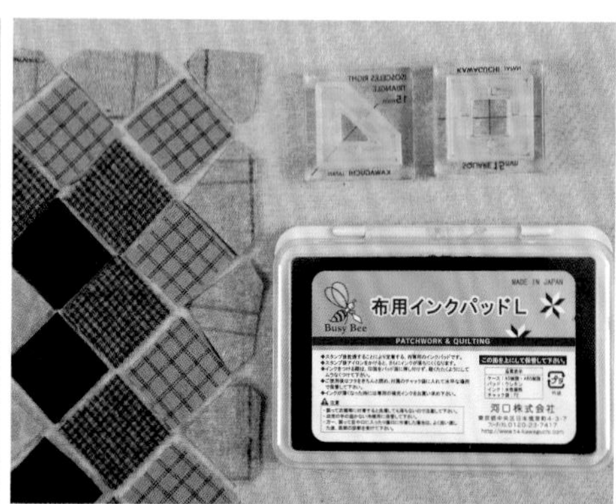


小技巧：使用印章與布用印泥，可利用市售的型板製作拼接布片。

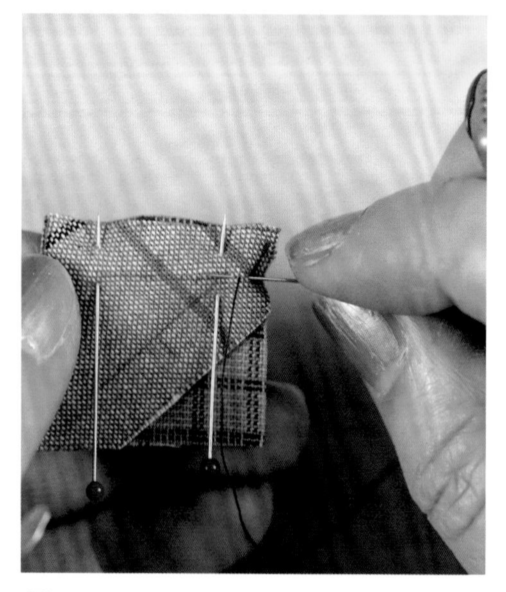

3 將布片正面相對，以珠針固定，起針處先回一針。

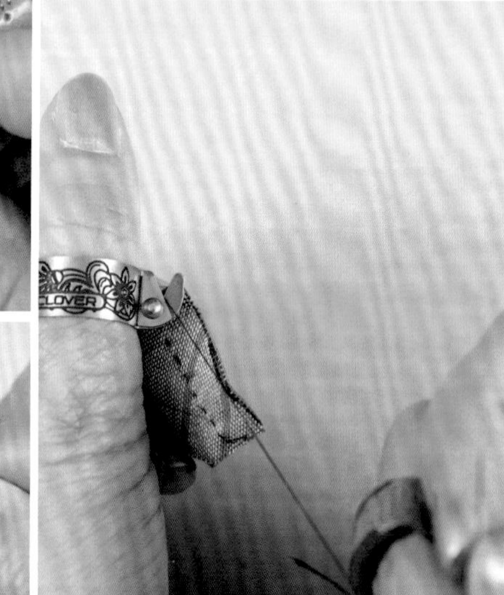


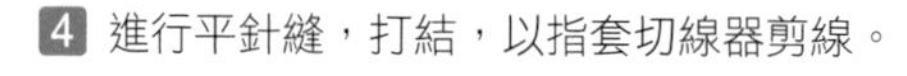

4 進行平針縫，打結，以指套切線器剪線。

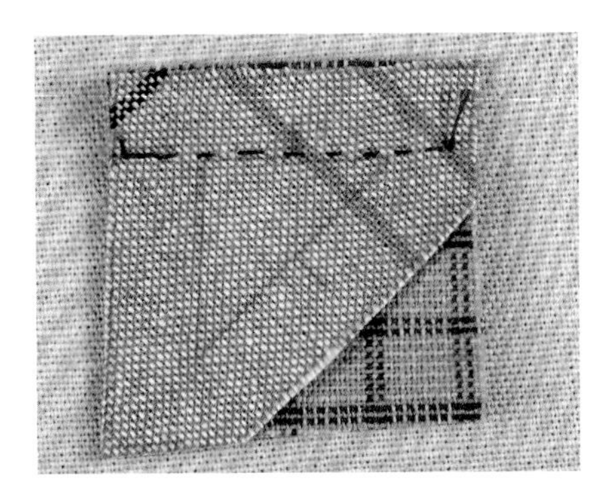

5 拼接完成如圖。

6 修剪縫份。

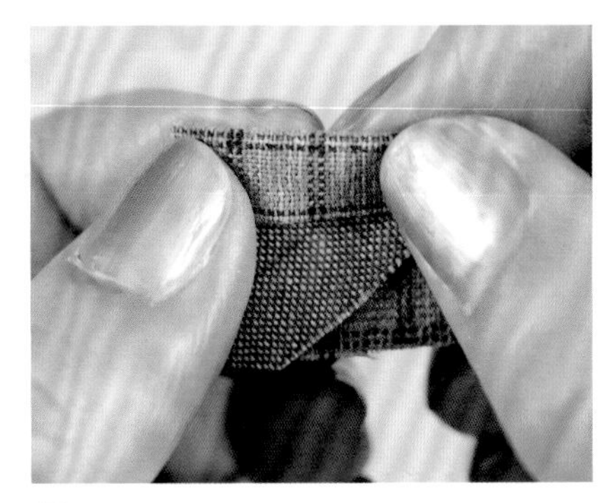

7 將縫份打開。

8 翻至正面，以骨筆壓平。

9 完成一組拼接，再準備下一片。

10 依上述作法拼接，完成如圖。

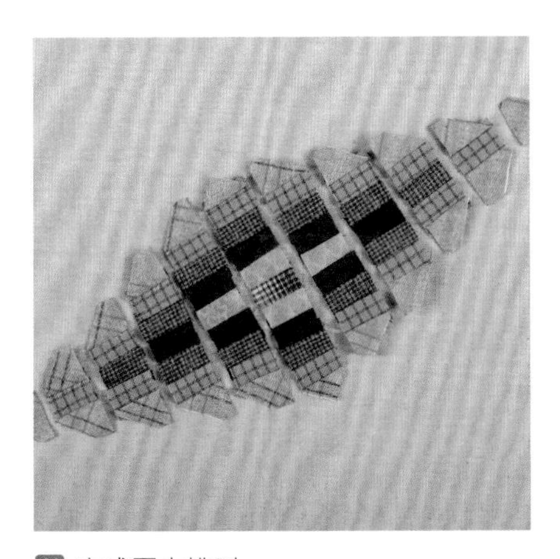

11 完成圖中排列。

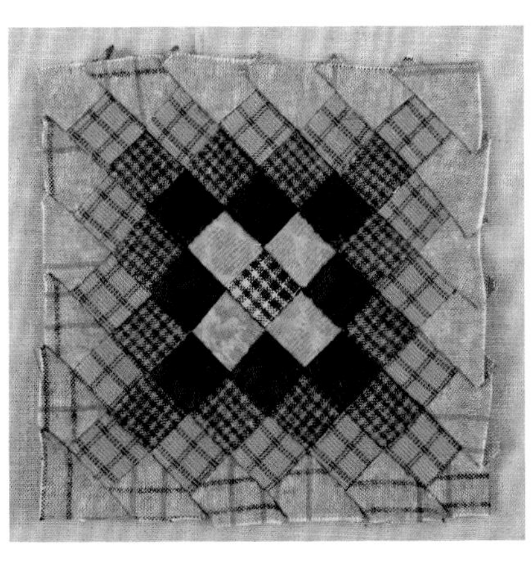

12 如圖拼接成方形。

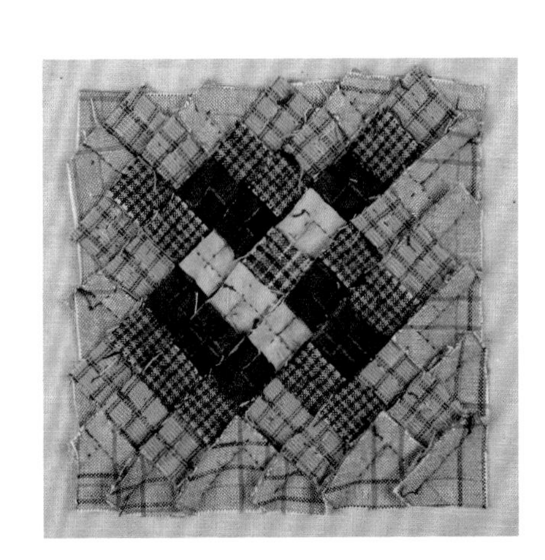

13 背面的樣子。

# HOW TO MAKE

◎本書作法標示尺寸皆未含縫份，製作時請加上縫份0.7cm。

◎本書附錄紙型尺寸皆不含縫份，製作時請加上縫份0.7cm。

◎本書作法標示數字單位為cm。

◎斉藤老師小叮嚀：本書作品作法習慣以裡布處理縫份，故裁剪裡布尺寸須多留3cm。

# style 01 晨花 紙型A面

P.12

**材料**

表布……60cm×110cm
（A：12cm×18cm 2片
B：12.4cm×18cm 2片
C：12cm×18cm 2片）
袋底表布……30cm×30cm
裡布（含袋身、袋底）……60cm×110cm
鋪棉……60cm×110cm

配色用布……適量
提把用布……2.5cm×28cm 2條
接著襯（厚、中）
蠟繩
繡線（深咖啡色、深綠色、淺綠色、茶色、亞麻色）

**★製作流程：**依紙型裁布→製作上側部分→拼接下側部分→上側與下側組合→前片與後片接合→製作袋底→與袋身組合→製作提把→縫上提把→袋口包邊完成。

**1** 製作袋身上側部分：依紙型及說明裁剪各部分所需用布，裁剪A、B、C各2片，分別作好貼布縫及刺繡後，A、B、C各取一片並拼接成一整片，即完成袋身上側表布前片，後片作法亦同，依此方法完成前、後袋身上側部分。前、後袋身上側部分，分別與裡布、鋪棉三層疊合壓線，將成品縫線留於背面。

拼接方法：A、B片正面相對縫合，將A裡布留下，縫份剪成0.7cm，以A裡布包起縫份作藏針縫，B、C片作法亦同。

如圖以兩側的裡布將縫份包邊處理。

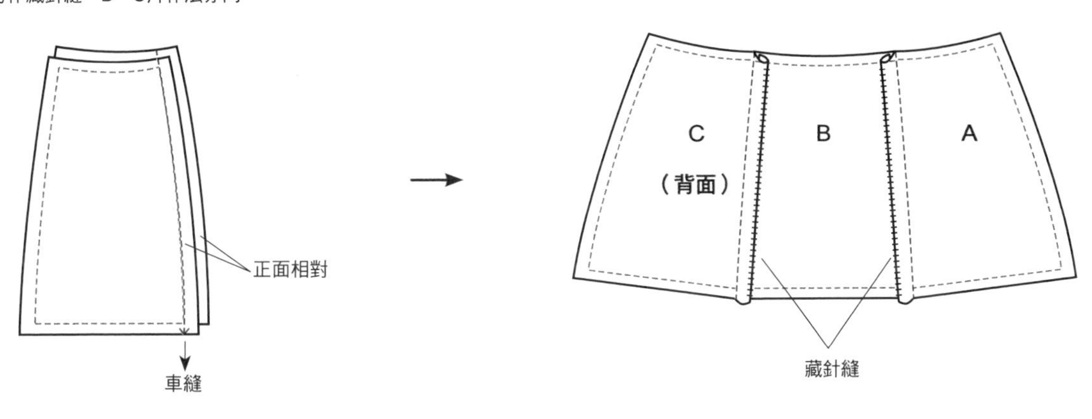


**2** 製作袋身下側部分：裁剪小布塊拼接成所需尺寸（參考紙型尺寸），共需製作2片。並準備同尺寸之裡布2片。中、厚接著襯則略小（參考圖示），將接著襯貼在裡布上。下側表布＋鋪棉＋已貼好襯的裡布三層壓線，需製作兩片。

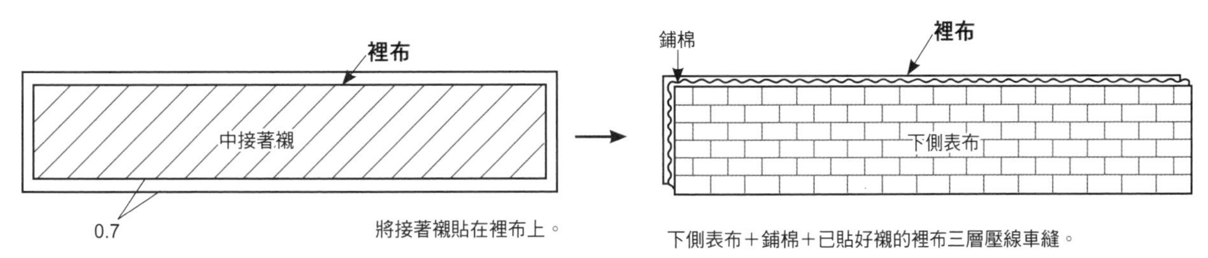


將接著襯貼在裡布上。

下側表布＋鋪棉＋已貼好襯的裡布三層壓線車縫。

**3** 將上側袋身與下側袋身正面相對車縫。

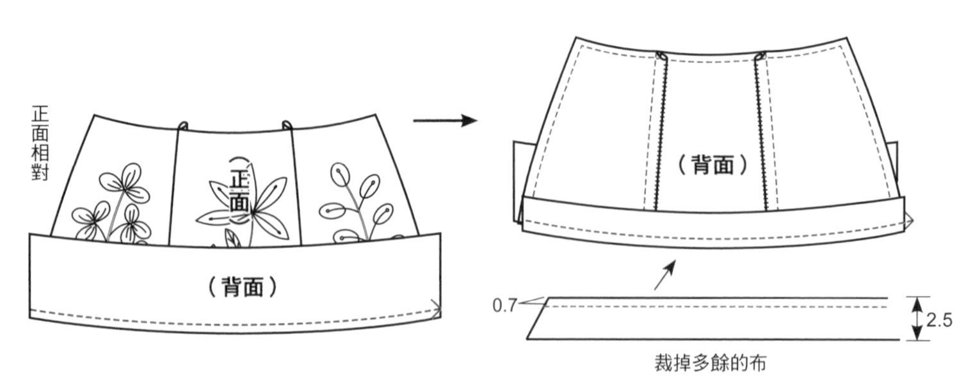


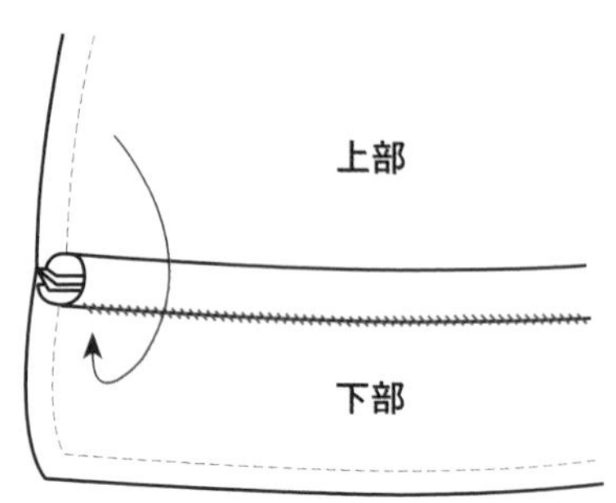


**4** 將前、後袋身正面相對重疊，縫合側身，側身也以2.5cm寬滾邊布包邊處理。

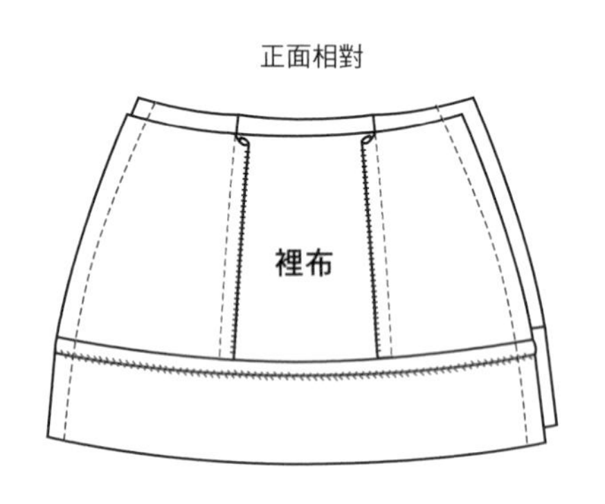


**5** 製作袋底：將厚接著襯貼於袋底布，疊上鋪棉、袋底表布三層車縫。

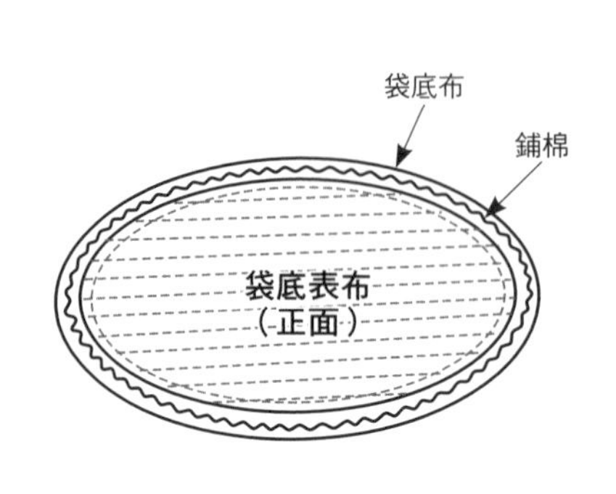


**6** 接合④本體與⑤袋底表布，縫份倒向袋底布作藏針縫。

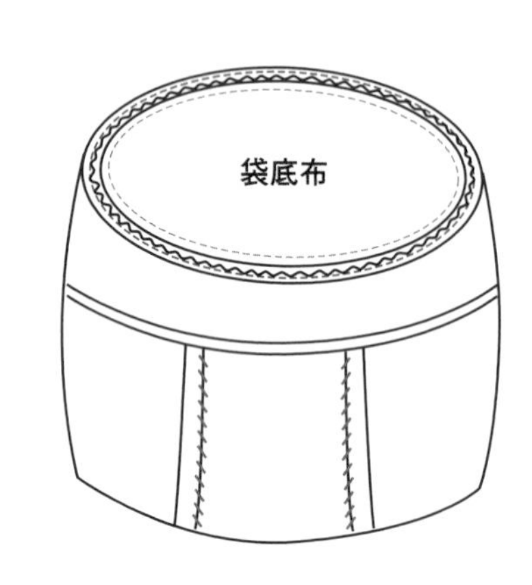


**7** 量好⑥的袋底尺寸，製作內底的紙型。

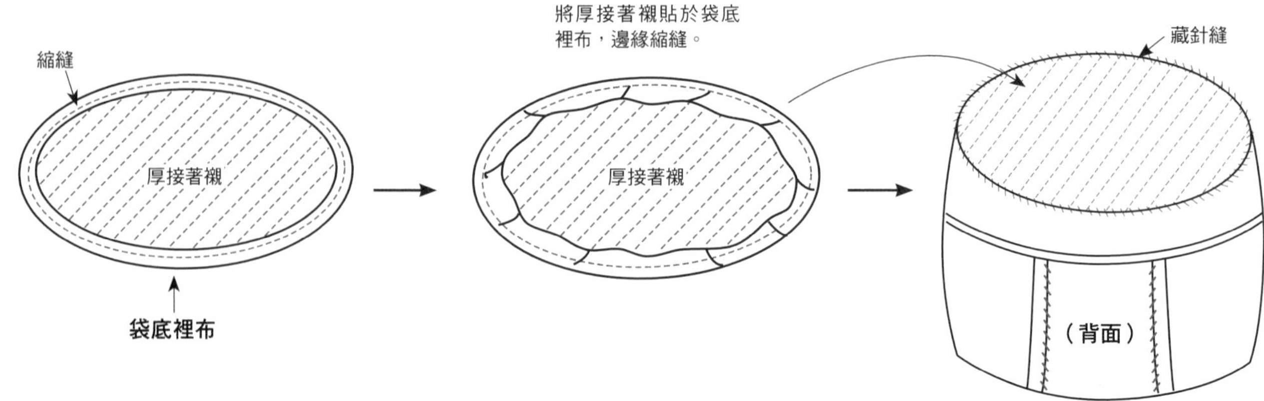

**8** 將作好出芽的滾邊條以縫紉機的單邊壓腳固定在袋口側。

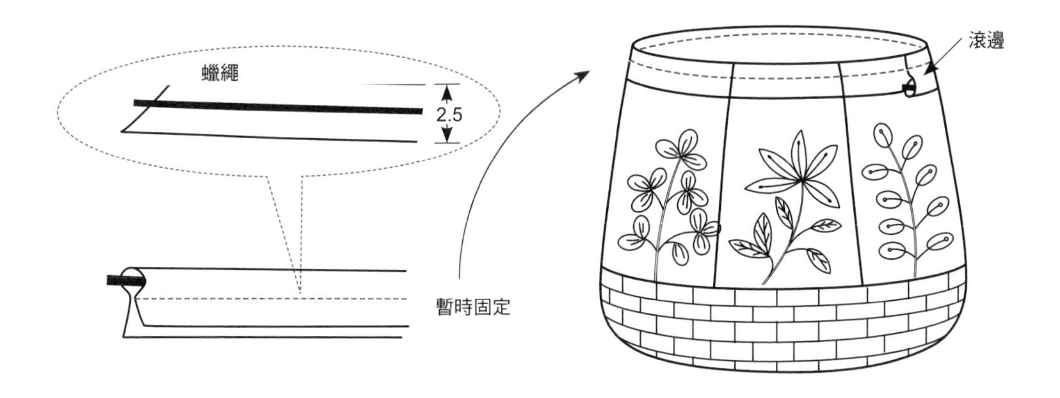


**9** 製作提把。

**10** 組合。

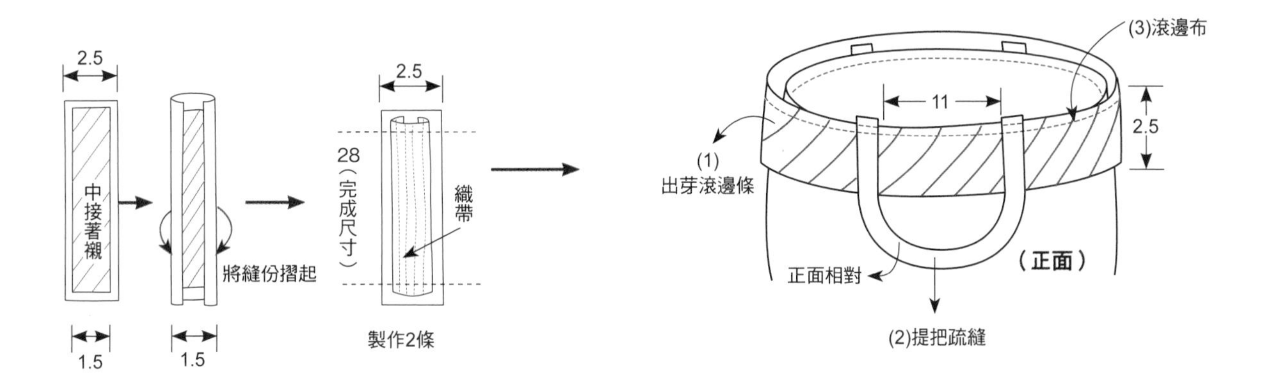


**11** 處理袋口背面的縫份，將2.5cm寬滾邊布按照順序疊起車縫，縫份剪成0.7cm，全部倒向內側作藏針縫即完成。

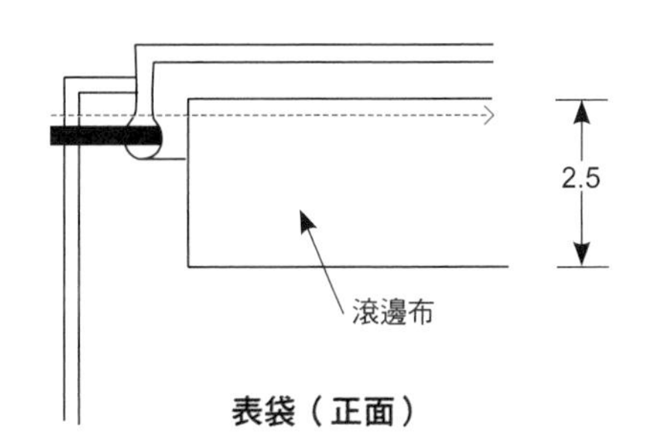

# 雪之森林 紙型A面

P.16

**材料**

貼布縫用布……適量
前、後口袋……20cm×50cm 2片
主體側身……20cm×65cm
口袋裡布……90cm×90cm
袋底表布……20cm×60cm
袋身裡布……90cm×110cm
鋪棉……90cm×110cm
接著襯（厚、薄）
提把……一組
拉鍊……39cm一條

**★製作流程：**依紙型裁布→製作口袋部分→製作本體部分→製作袋底部分→與袋身組合→縫上提把→製作側身部分→製作拉鍊襠片→主體及側身接合即完成。

**1** 依紙型及說明裁剪各部分所需用布。

**2** 製作口袋：依圖示製作前袋身口袋部分的貼布縫，將薄接著襯貼於裡布，疊上鋪棉、表布，三層疊合壓線，袋口以3.5cm寬滾邊布作包邊處理。

後袋身口袋也以相同方式製作，裡布、鋪棉、表布三層疊合壓線，但不作貼布縫裝飾。

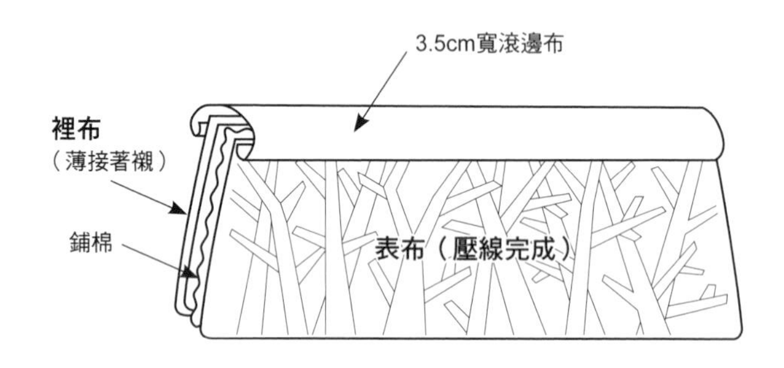


**3** 製作本體：依紙型裁布，並準備同尺寸之裡布2片。中、厚接著襯則略小（參考圖示）。將前片之裡布、鋪棉、表布三層疊合壓線，後片作法亦同。並分別與前、後口袋疊合車縫。

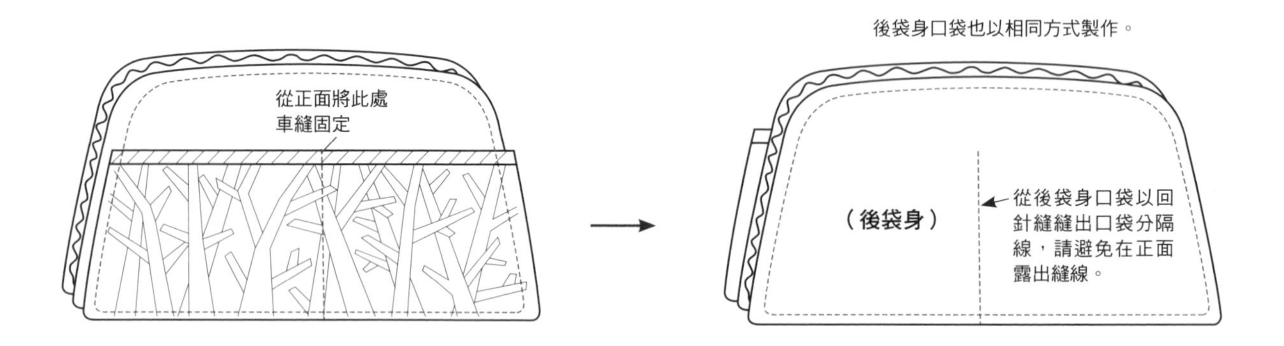


**4** 製作袋底：先在袋底裡布貼上厚接著襯，再疊上鋪棉、袋底表布，三層疊合車縫。

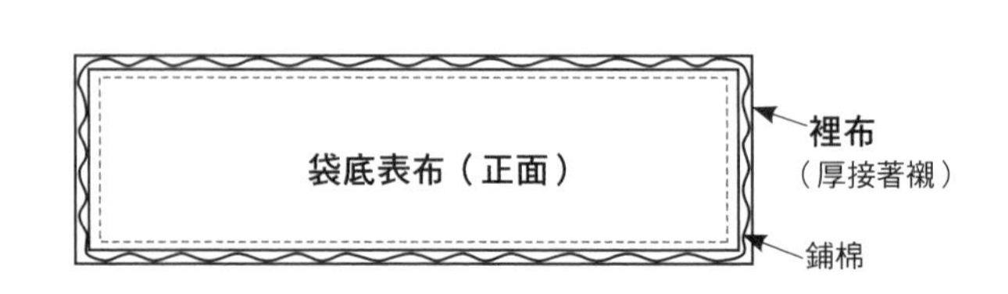

**5** 接合袋身：將本體、前、後袋身與袋底如圖接合，並縫上提把。

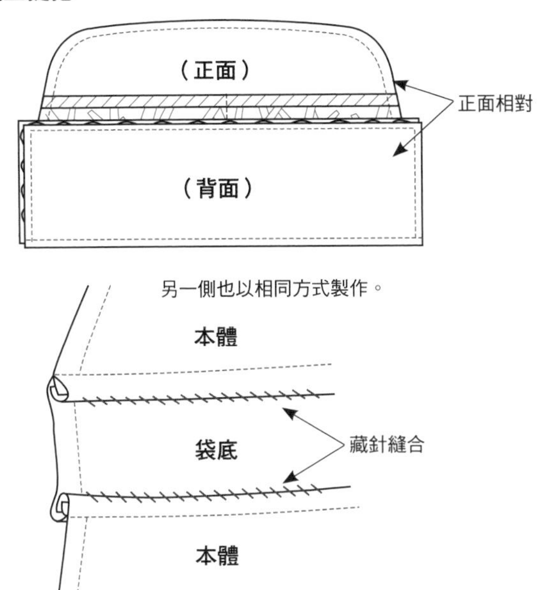


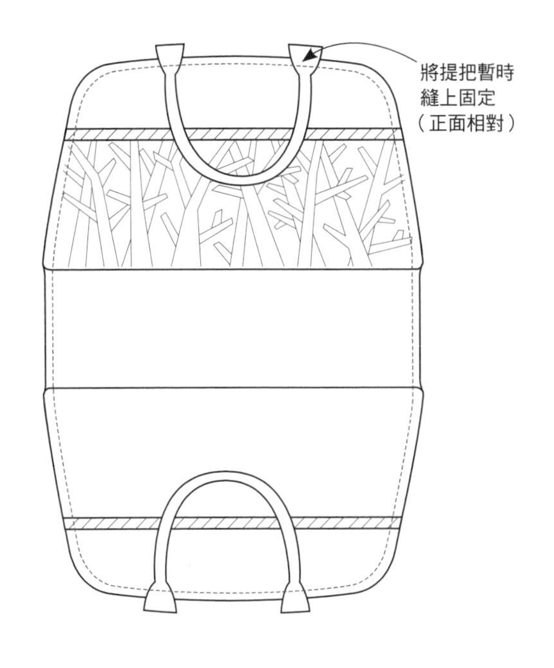


**6** 製作側身：依紙型及說明裁剪裡布、鋪棉、表布，三層疊合車縫。將側身與貼邊布正面相對車縫，剪牙口，將貼邊布摺入背面，整理好形狀後，以熨斗壓燙。從正面決定好拉鍊位置後，車縫固定，背面以藏針縫處理。

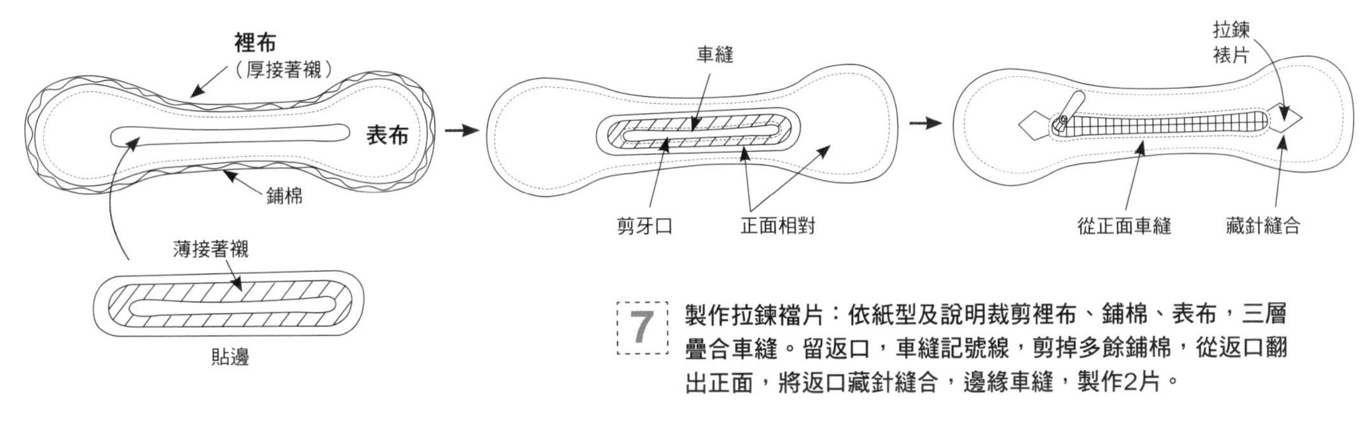


**7** 製作拉鍊檔片：依紙型及說明裁剪裡布、鋪棉、表布，三層疊合車縫。留返口，車縫記號線，剪掉多餘鋪棉，從返口翻出正面，將返口藏針縫合，邊緣車縫，製作2片。

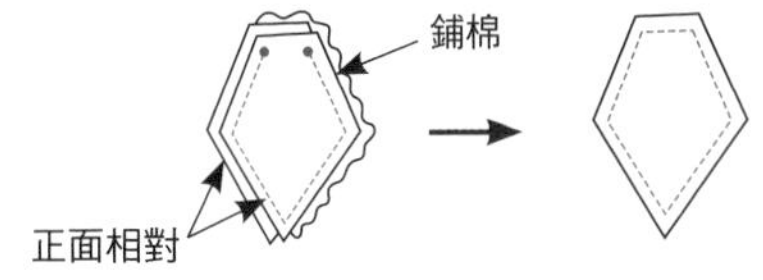


**8** 將本體及側身正面相對接合。以2.5cm滾邊布從側身包邊，再倒向主體側，藏針縫合即完成。

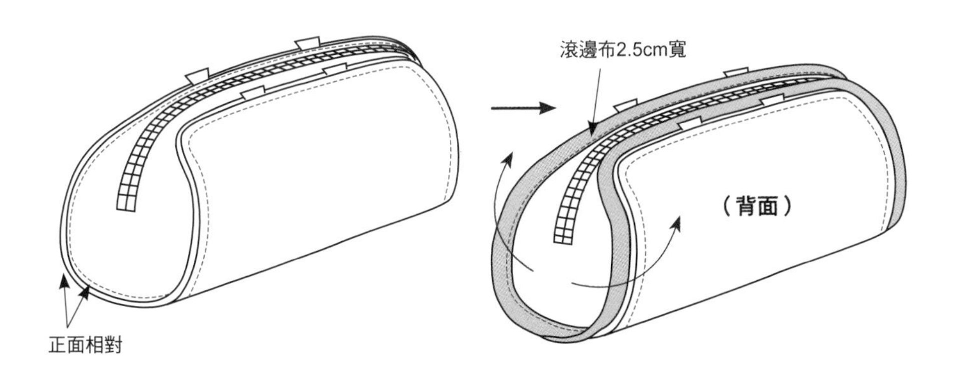

## style 03 風鈴季節 紙型A面

P.18

**材料**

主體側身表布……60cm×110cm
主體上方部分……20cm×60cm
貼布縫用布……適量
提把……20cm×30cm 2條
裡布……60cm×110cm
接著襯（厚、中、薄）
磁釦
配色布……適量
繡線（深咖啡色）
滾邊條……1cm寬

**★製作流程：**依紙型裁布→製作袋身前片、後片部分→製作提把及釦絆→製作主體部分→製作側身部分→主體及側身接合→裝上磁釦即完成。

**1** 依紙型及說明裁剪各部分所需用布。

**2** 製作袋身前片及後片：依紙型裁出前片、後片的上下部分，依圖示接合上下部分，並取1cm寬滾邊布包成細布條，於接縫處藏針縫合，其他部分作好貼布縫及刺繡（參考圖片或原寸紙型），並與鋪棉、裡布三層疊合壓線。以相同作法製作袋身後片，但不作貼布縫。

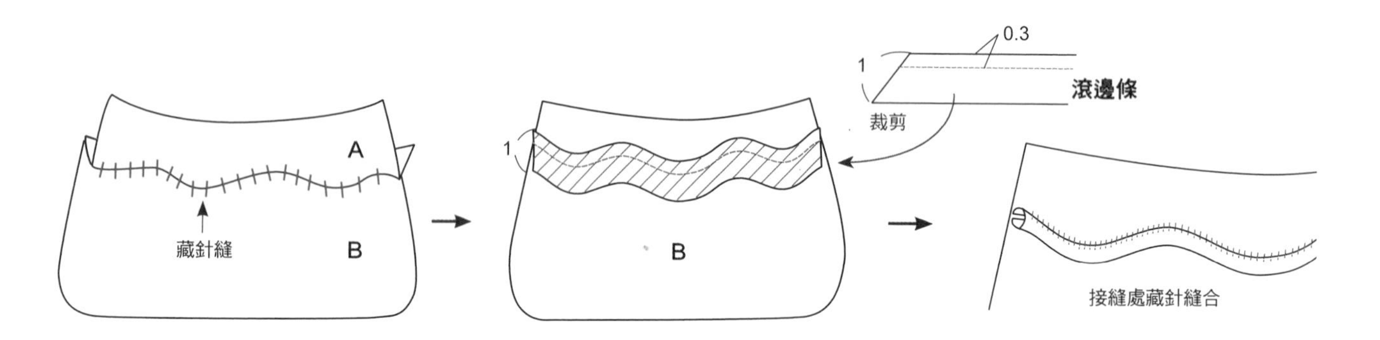


**3** 製作提把及釦絆：依紙型裁下提把表布、鋪棉、裡布。將中接著襯貼於裡布，與表布、鋪棉疊合車縫。自縫線起留下0.1cm的鋪棉，其餘剪掉，翻回正面，車縫，製作2條。釦絆也以相同方式製作，翻回正面，邊緣車縫後，放入磁釦，車縫。

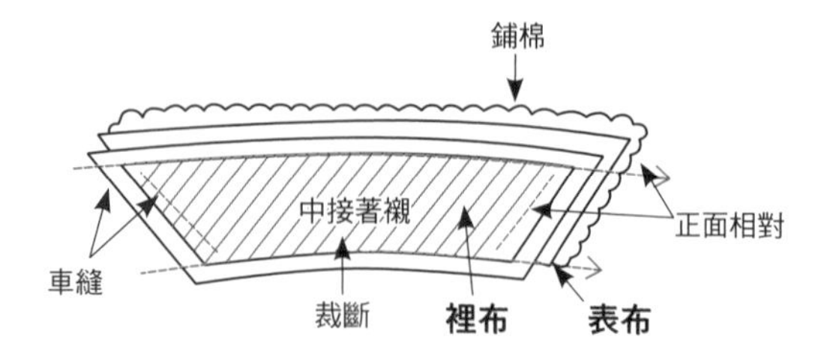


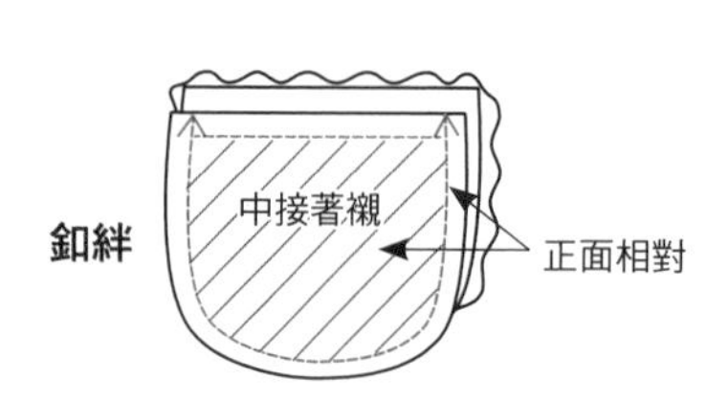

**4** 製作主體：將提把及釦絆夾入貼邊，在記號之間車縫。（後片在中央處夾進釦絆），完成主體前片及後片。

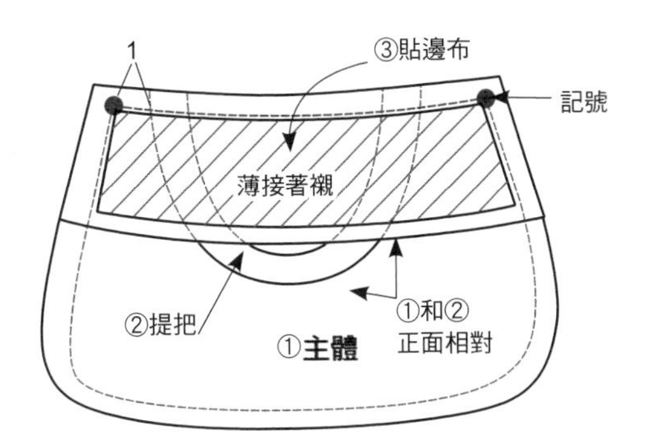


**5** 製作側身：依紙型及說明裁剪裡布、鋪棉、表布，將接著襯貼於裡布，依順序重疊上表布、鋪棉，車縫上下記號線，將多餘的鋪棉剪掉，翻回正面，車縫。

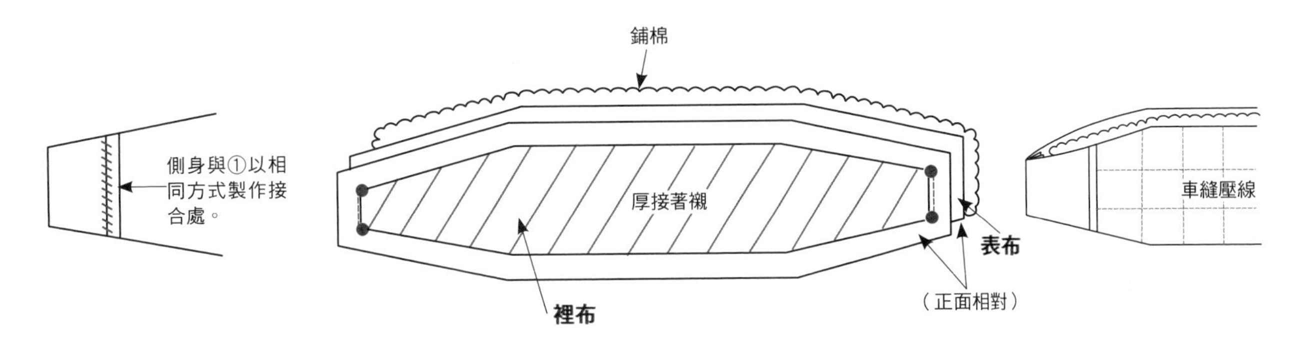


**6** 接合袋身：將主體與側身（一邊避開貼邊部分）如圖接合，並在前片內側裝上磁釦即完成。

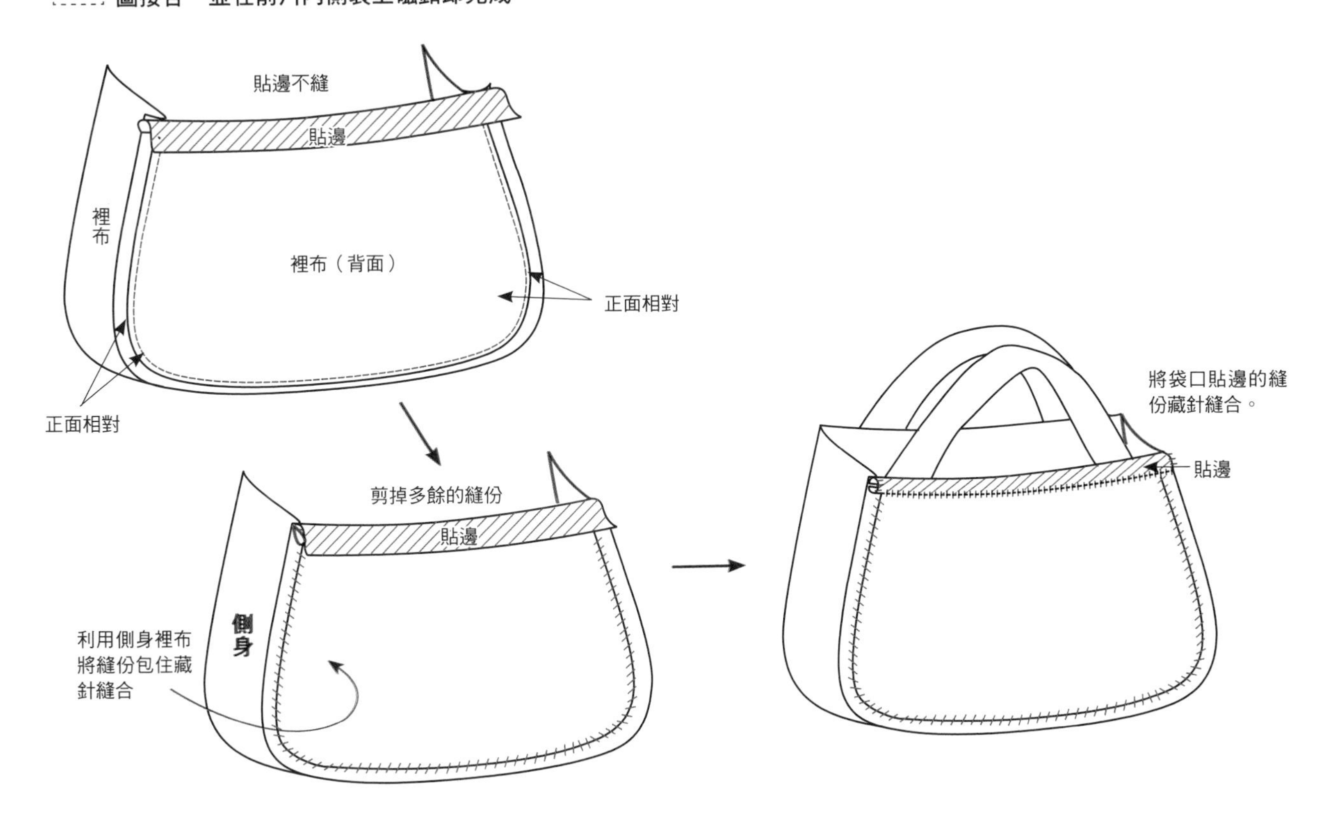

# style 04 蕾絲花漾 紙型A面

P.20

**材料**

表布……40cm×70cm
耳片布……3cm×5.5cm 2片
拉鍊檔布……2.5cm×5cm
提把用布……6cm×40cm
貼布縫用布……適量
裡布……60cm×90cm
鋪棉……60cm×90cm
接著襯（厚、中）
繡線（黃綠色、草綠色、白色、橄欖綠色）
木珠

**★製作流程：**依紙型裁布→製作袋身前片、後片部分→製作拉鍊口布→製作側身部分→製作耳片→接合袋身→製作提把縫上即完成。

**1** 依紙型及說明裁剪各部分所需用布。

**2** 製作袋身前片、後片：依紙型裁出前片、後片，前片作好貼布縫及刺繡（參考圖片或原寸紙型），並與鋪棉、裡布三層疊合壓線。以相同作法製作袋身後片，後片貼上中接著襯，但不作貼布縫。前片、後片進行抓褶，褶份倒向單側，以藏針縫縫合。

**3** 製作上側身部分：依紙型裁剪上側身表布、鋪棉、裡布。將中接著襯貼於裡布，與表布、鋪棉疊合壓線。

**拉鍊部分**

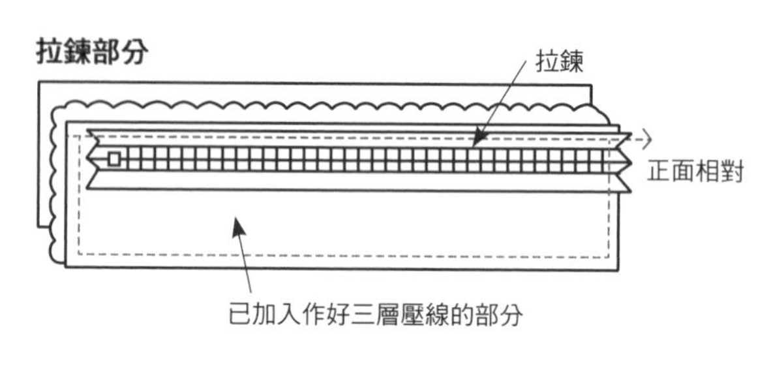


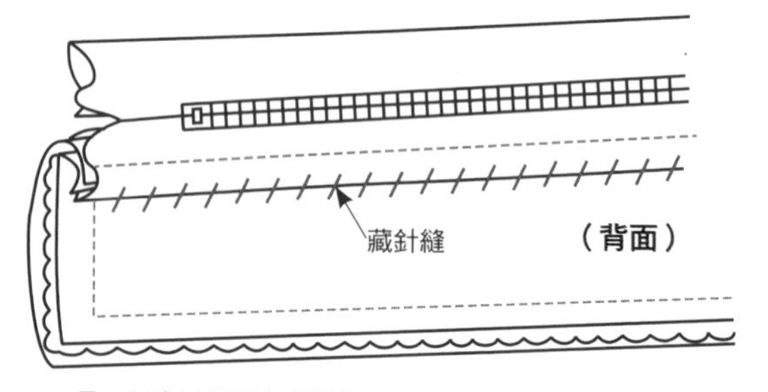


另一側也以相同方式製作

**4** 製作下側身部分：依紙型裁下側身表布、鋪棉、裡布。將中接著襯貼於裡布，與表布、鋪棉疊合壓線。

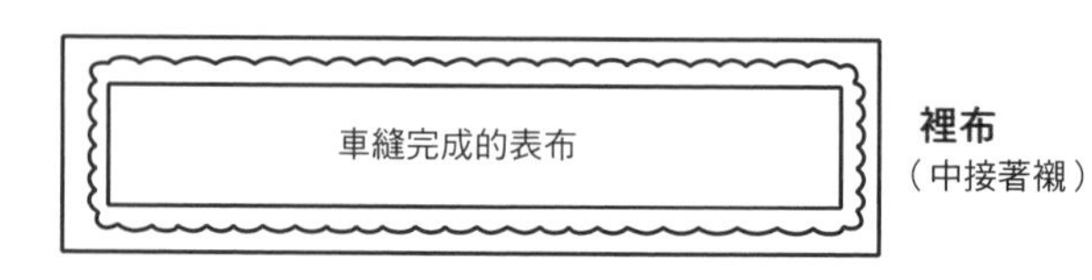


〔下側身〕

**5** 製作耳片：將耳片布摺成1／4，在邊緣處車縫，共製作2條。
依序重疊起側身、耳片、拉鍊及拉鍊檔布，車縫。

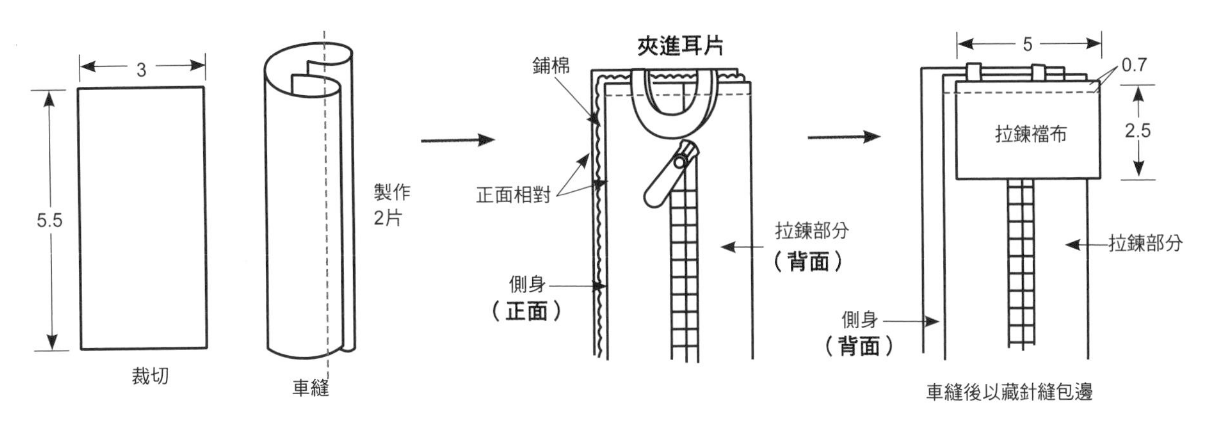


**6** 製作提把：依紙型及說明裁剪裡布、鋪棉、表布，將薄接著襯貼於裡布，依序重疊貼上接著襯的裡布、表布、鋪棉，留返口車縫。剪掉多餘的鋪棉，翻回正面後，將返口藏針縫合並壓線，接縫於袋身上即完成。

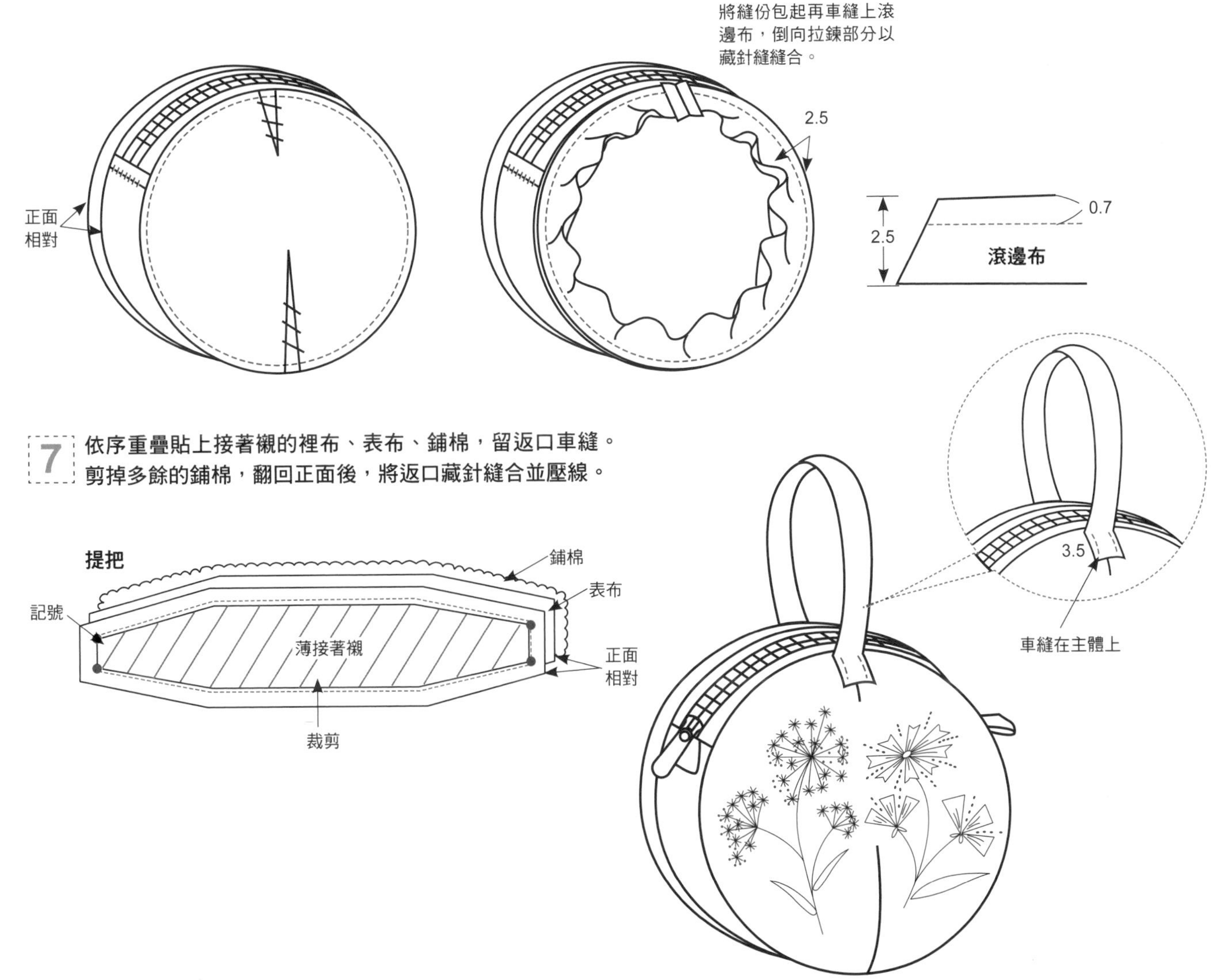


**7** 依序重疊貼上接著襯的裡布、表布、鋪棉，留返口車縫。
剪掉多餘的鋪棉，翻回正面後，將返口藏針縫合並壓線。

# 蝴蝶結花籃 紙型B面

P.20

**材料**

主體表布……30cm×30cm　2片
側身用布……20cm×30cm　2片
配色用布……適量
袋底用布……22cm×21cm
提把用布……6cm×40cm
裡布……90cm×110cm
鋪棉……90cm×110cm
棉襯……30cm×50cm
蠟繩……74cm
接著襯（厚）
繡線（深藍色、棕色、綠色）

★**製作流程**：依紙型裁布→製作袋身前片、後片部分→製作側身部分→接合袋身→製作袋底部分→與主體接合→製作提把縫上即完成。

**1** 依紙型及說明裁剪各部分所需用布。

**2** 製作袋身前片＆後片：依紙型裁出前片＆後片，參考原寸紙型依圖示於前片製作圖案貼布縫、刺繡，外圈三邊以花布進行貼布縫，作出波浪狀及圓點，並在貼布縫的正面先作壓線。後片也以此作法製作，但不需作圖案貼布縫。

**3** 袋身裡布畫上完成尺寸線，依序與袋身前片的表布正面相對、疊上鋪棉，車縫。在凹處剪出牙口，翻回正面。後片也以此作法製作。

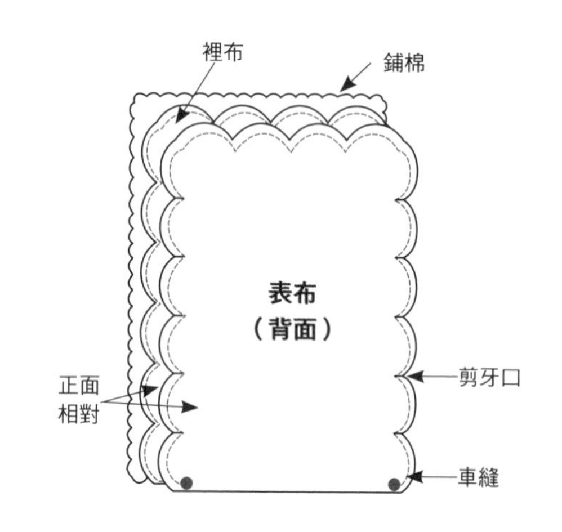


**4** 製作側身：依紙型裁剪側身表布、鋪棉。將中接著襯貼於裡布，於表布外圈三邊以花布進行貼布縫，作出波浪狀及圓點。再與裡布、鋪棉疊合，壓線。（參考圖片或原寸紙型）

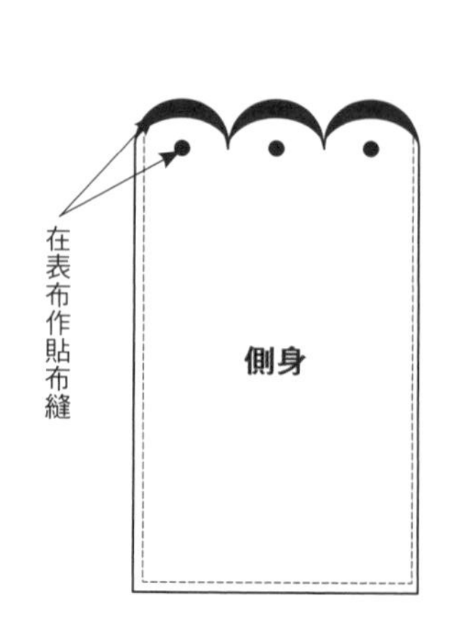


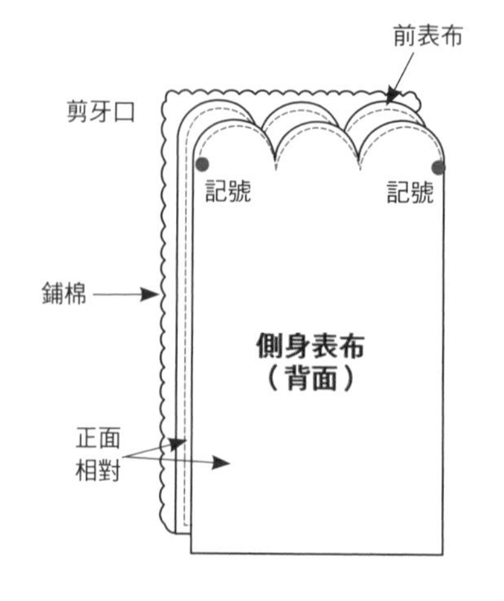


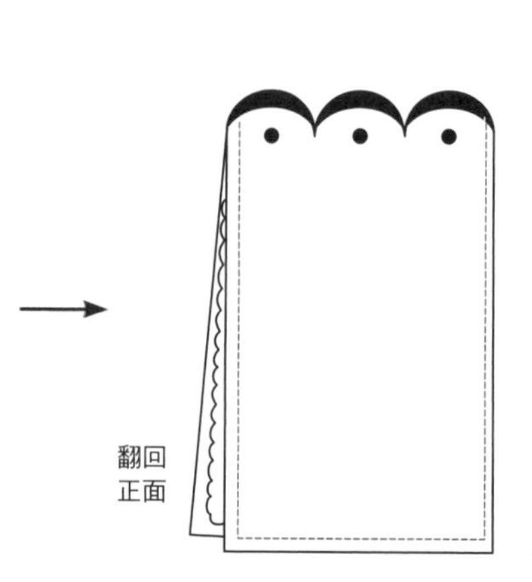

**5** 接合袋身：將兩片側身與前＆後片如圖接合，以側身布的縫份包起，作藏針縫，形成筒狀。

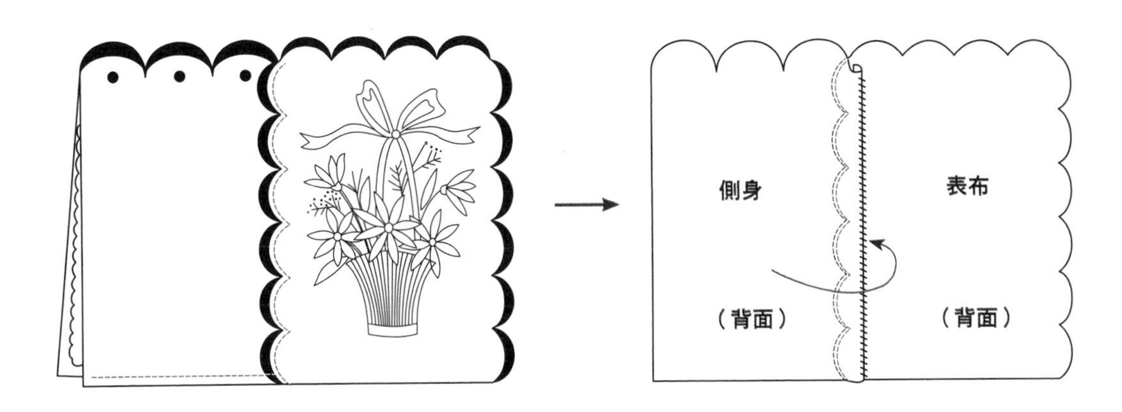


**6** 製作袋底：先在裡布貼上厚接著襯，再疊上鋪棉、表袋底布，三層疊合車縫。並與袋身接合，方法請參見P.82。

**7** 製作提把：依圖示尺寸裁剪用布，正面相對對摺，如圖示車縫後翻回正面，加入棉繩，再於縫合處進行藏針縫，使之更結實，製作兩條。最後再將提把接縫於袋身內側，約距袋口1.5cm，提把尾端以藏針縫的方式固定於袋身並藏起，近袋口處則再幾針藏針縫於袋身，另一側作法相同，接合上袋身即完成。

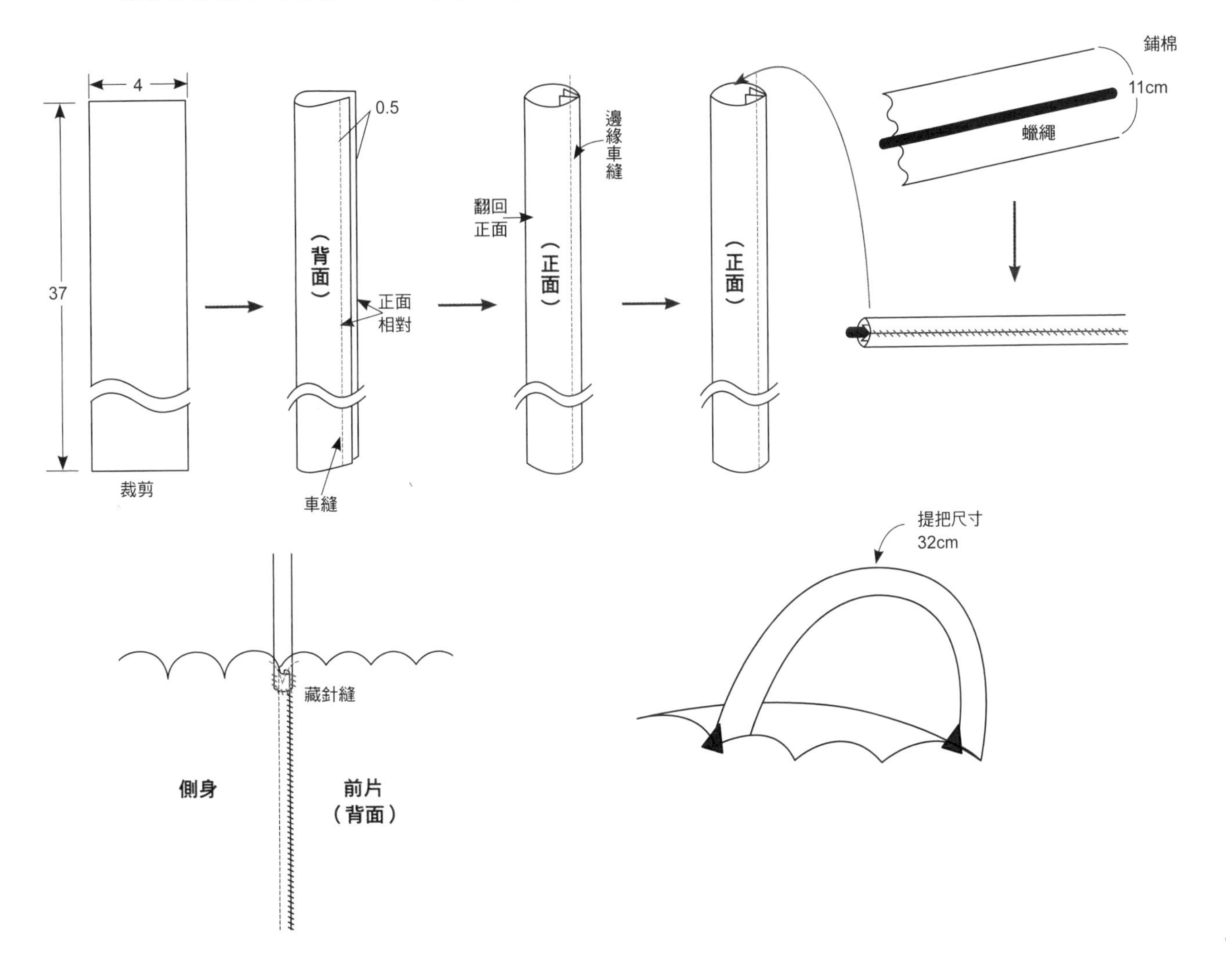

# 橡實の趣味 紙型A面

P.22

**材料**

正面中心布……25cm×30cm
表布……50cm×110cm
側身用布……20cm×60cm
吊耳用布……90cm×110cm
袋口用布……30cm×60cm
貼布縫用布……適量
裡布……60cm×90cm
鋪棉（薄）…… 60cm×110cm
接著襯（薄）
束口用繩……80cm 2款
繡線（米白色、咖啡色、白色、深棕色）
棉花……適量

★**製作流程**：依紙型裁布→製作袋身前片、後片部分→製作穿繩吊耳部分→固定吊耳→製作側身部分→接合袋身→製作袋口布接合即完成。

**1** 依紙型及說明裁剪各部分所需用布。

**2** 製作前、後片：依圖示將正面中心布與袋面前片表布以平針縫接合，接縫處以貼步縫作出花莖，為作出漂亮曲線，可於轉彎處間剪牙口，其餘處亦進行貼布縫及刺繡。將薄接著襯貼於裡布，疊上鋪棉、表布，三層疊合壓線。後片也以相同方式製作，將中接著襯貼於裡布，與鋪棉、表布三層疊合壓線，但不作貼布縫。

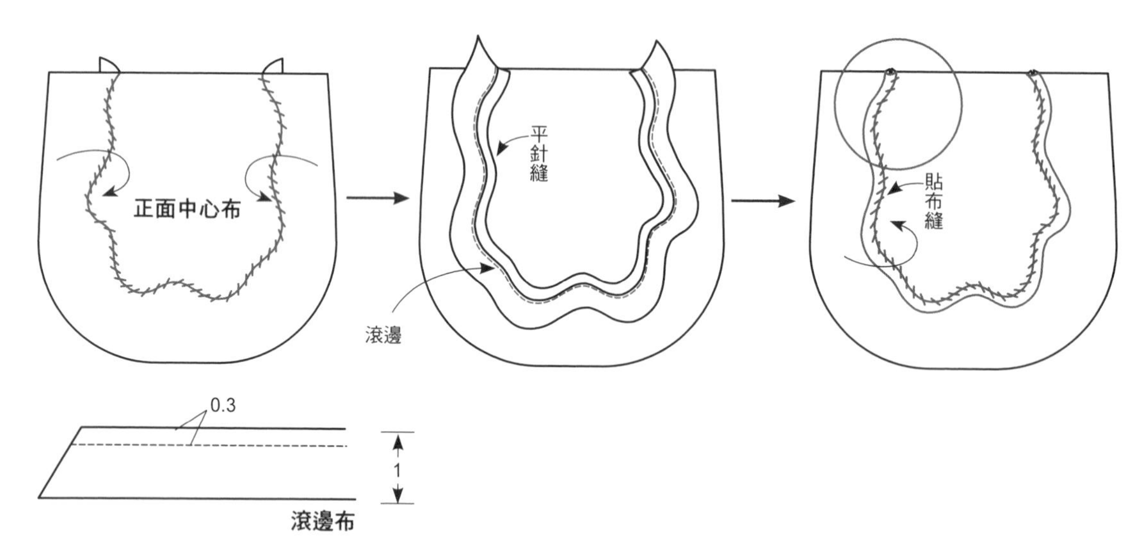


**3** 製作穿繩吊耳：依紙型裁剪用布，貼上薄接著襯，正面相對接合，邊緣壓線，共製作16條。

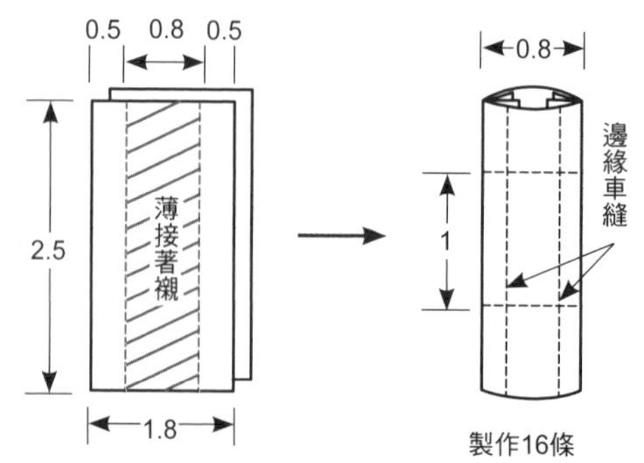

4 固定吊耳：將吊耳圖示暫時固定於前片，壓線。後片也以相同方式製作。

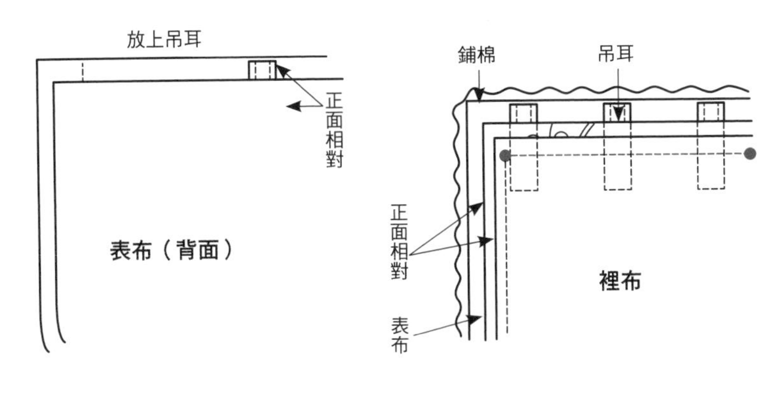


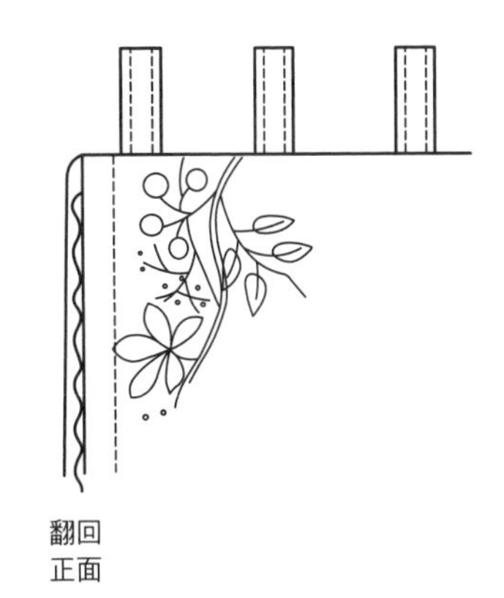


5 製作側身：依紙型及說明裁剪裡布，將薄接著襯貼於裡布，疊上鋪棉、表布，三層疊合壓線。

6 接合袋身；將本體、前袋身、後袋身與側身如圖接合，依記號將圖中的①及②接著主體從記號縫到邊緣處。並以側身裡布以藏針縫進行包邊處理

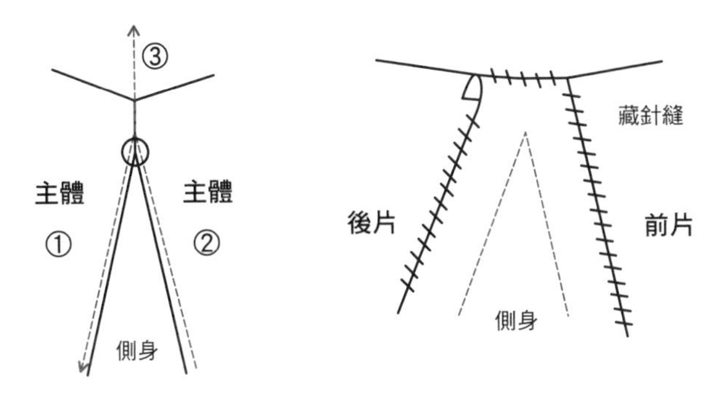


7 製作袋口布：依紙型裁布，將袋口表布正面相對，兩側接縫，形成環狀。依紙型及說明裁剪裡布，將薄接著襯貼於裡布，疊上鋪棉、表布，三層疊合，但僅上端弧度處車縫，剪去多餘縫份及鋪棉，翻回正面。

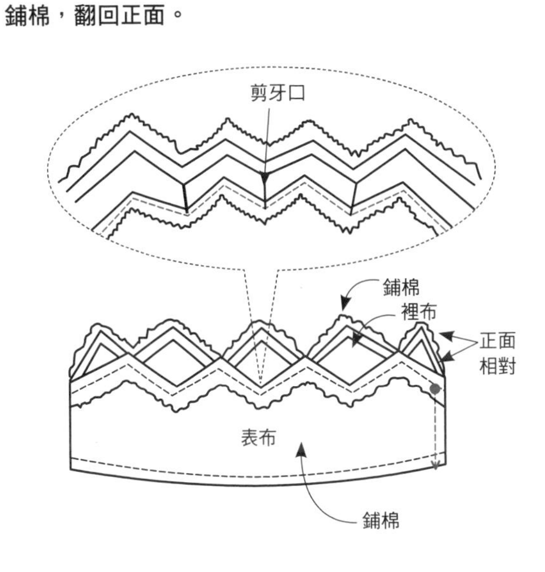


8 接合袋身：避開袋口表布，將袋口裡布與主體（環部）正面相對疊上，車縫。翻起後在背面藏針縫合。從正面在袋口布上壓線，繡上結粒繡。取兩條拉繩，分別從一側穿至另一側，穿過吊耳後拉齊繩端，打平結，尾端縫上裝飾球即完成。

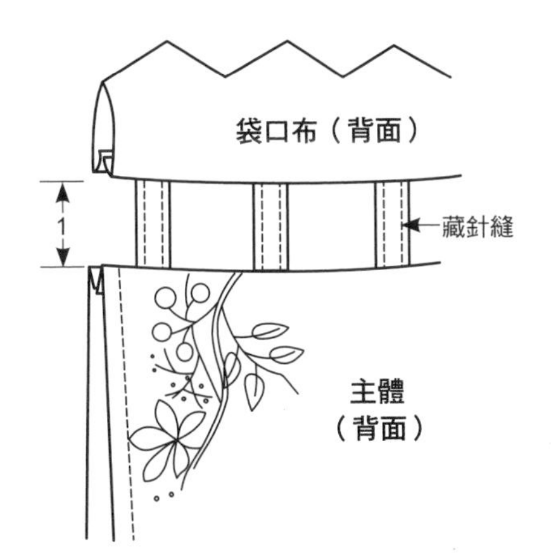


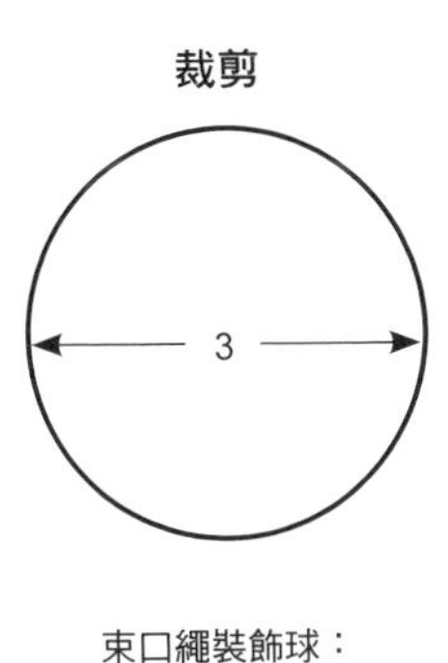

束口繩裝飾球：
裁直徑3cm圓片

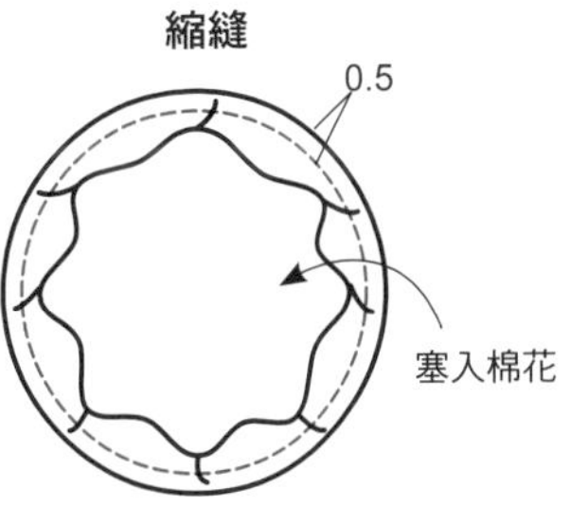


一邊摺起0.5，一邊將繩端包起，完成束口繩裝飾球。

# 小瓢蟲＆幸運草 紙型C面

P.28

**材料**

表布……60cm×110cm
提把用布…… 10cm×30cm
隔間布……60cm×90cm
拉鍊用布……15cm×60cm
織帶
貼布縫用布……適量
裡布……110cm×150cm
鋪棉……90cm×110cm
接著襯（中、薄）
拉鍊……50cm 2條
繡線（原色、白色、咖啡色、白色、棕綠色、茶色、深綠色）

**★製作流程：** 依紙型裁布→製作口袋部分→製作主體部分→製作拉鍊口布部分→製作側身部分→製作提把→接合袋身即完成。

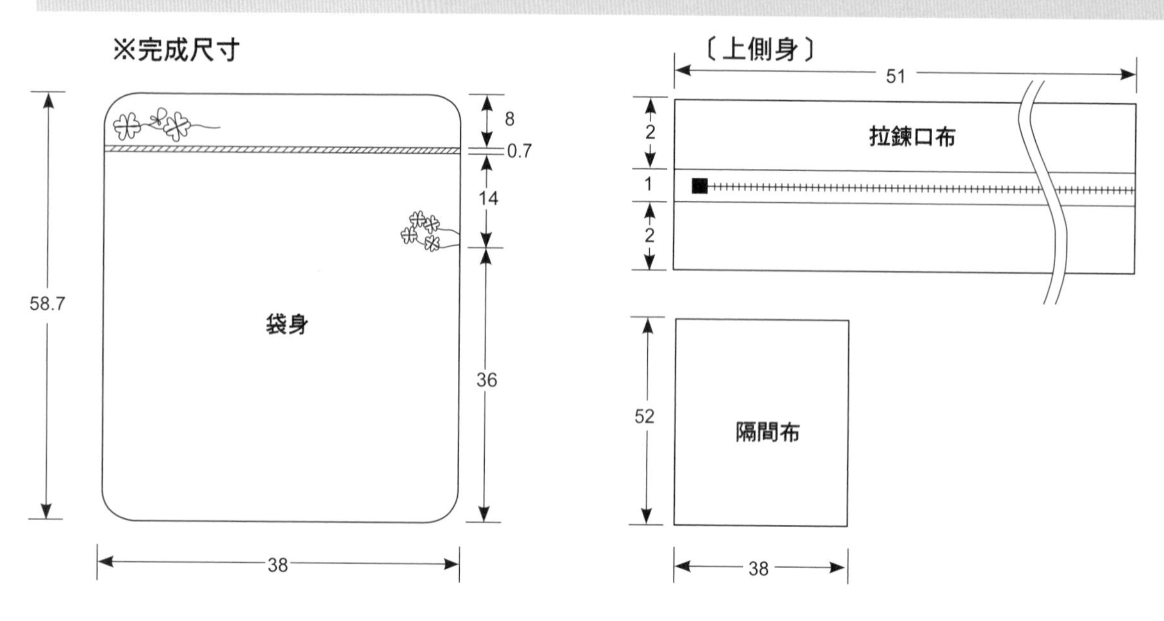


**1** 依裁布圖、紙型及說明裁剪各部分所需用布。

**2** 製作口袋：於口袋表布進行貼布縫、刺繡，將薄接著襯貼於裡布，疊上鋪棉、表布，三層疊合壓線。下側以3.5cm寬滾邊布作包邊處理。

**3** 製作主體：在主體布進行貼布縫、刺繡，縫上拉鍊，將薄接著襯貼於裡布，疊上鋪棉、表布，三層疊合壓線。剪去多餘縫份，並將縫份包入，以藏針縫縫合。

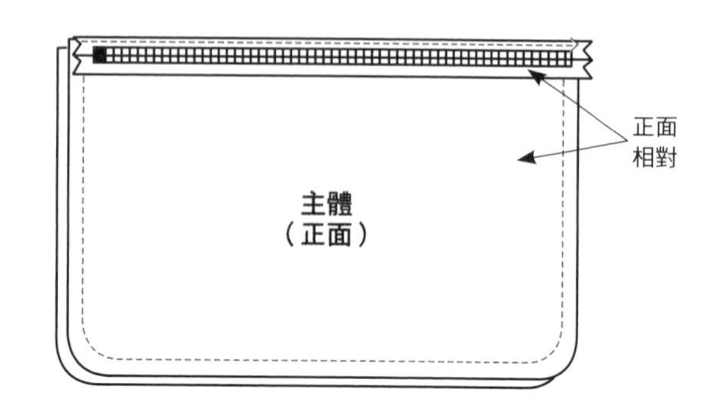


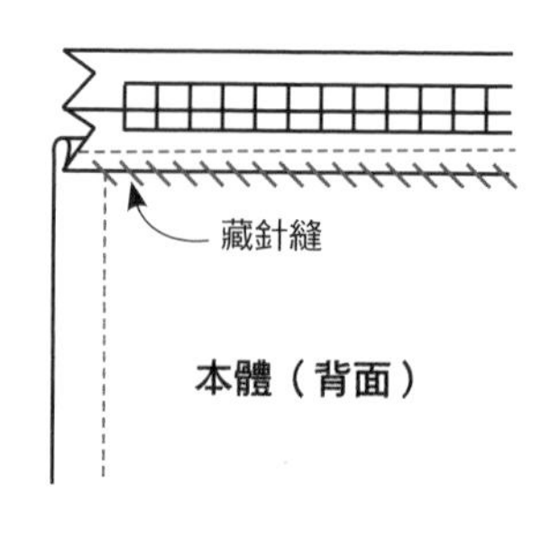

**4** 將口袋部分往下藏住口袋拉鍊的位置處，從背面以回針縫縫住。

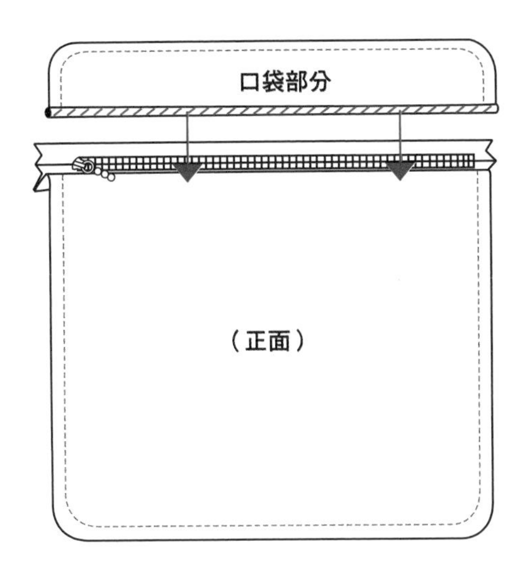


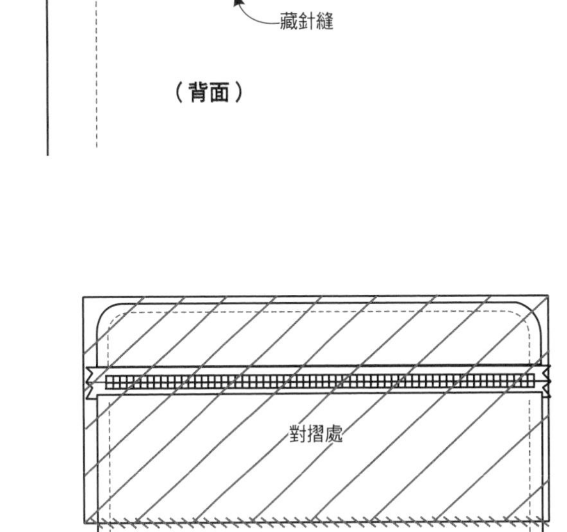


**5** 在④的背面將隔間布對準上面的完成尺寸線放好，將下方（摺雙處）藏針縫合。再重新畫上完成尺寸線。

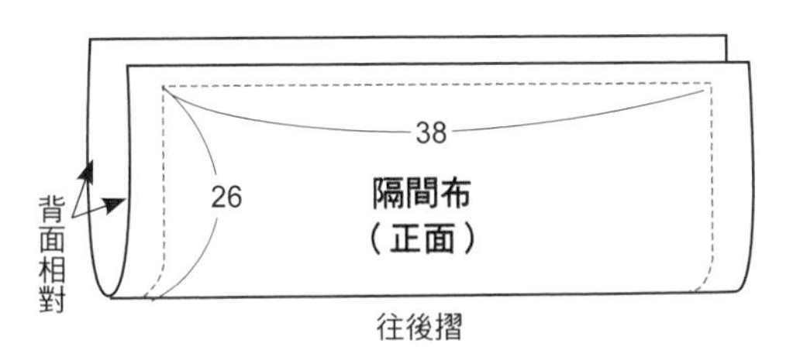


**6** 製作拉鍊口布：依裁布圖裁剪裡布、鋪棉、表布，可參見P.73製作拉鍊部分。裡布（貼好薄接著襯）、鋪棉、表布三層疊合壓線。再與拉鍊正面相對車縫，將多餘的拉鍊布縫份剪去。

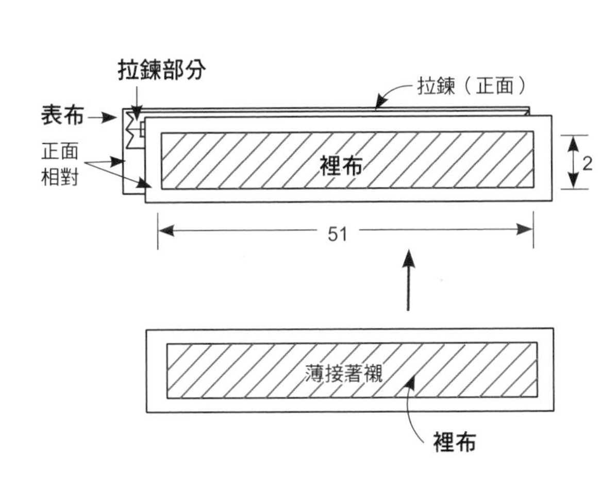


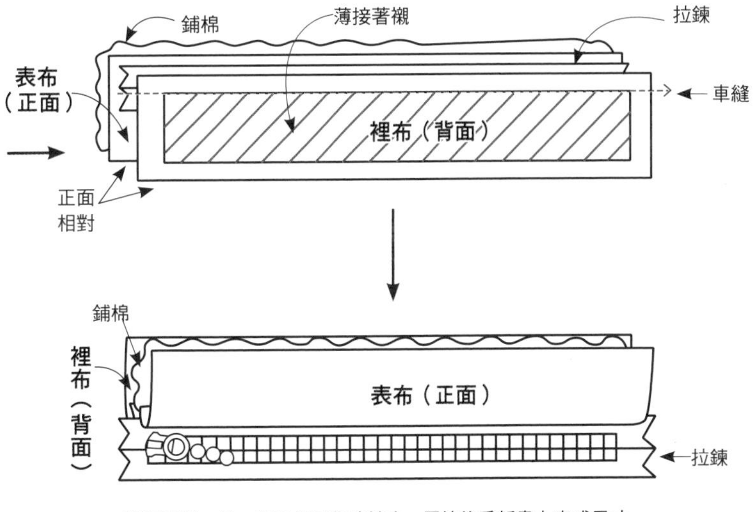


翻至正面，另一側以相同作法接合，壓線後重新畫上完成尺寸線。

**7** 製作拉鍊耳片：將耳片布對摺，如圖車縫，對摺，製作2片，並安裝於拉鍊口布上。

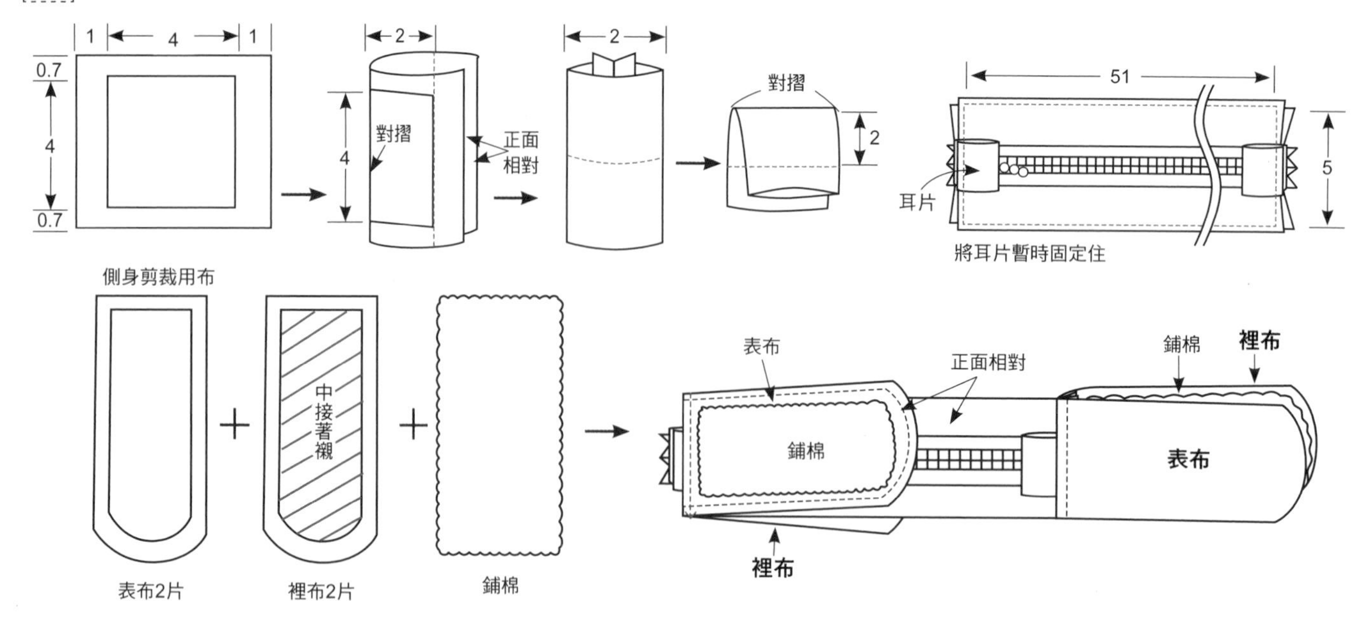


**8** 製作側身：依紙型及說明裁剪裡布、鋪棉、表布，裡布（貼好中接著襯）、鋪棉、表布三層疊合，剪去多餘鋪棉後翻回正面，壓線，重新畫上完成尺寸線。

**9** 製作提把並安裝：將中接著襯貼於表布背面，正面相對對摺後如圖車縫，將縫線拉到中間，放上2.5cm寬的織帶後車縫。再對摺後如圖車縫中間段，兩端不車，製作兩條，再疏縫於本體上。

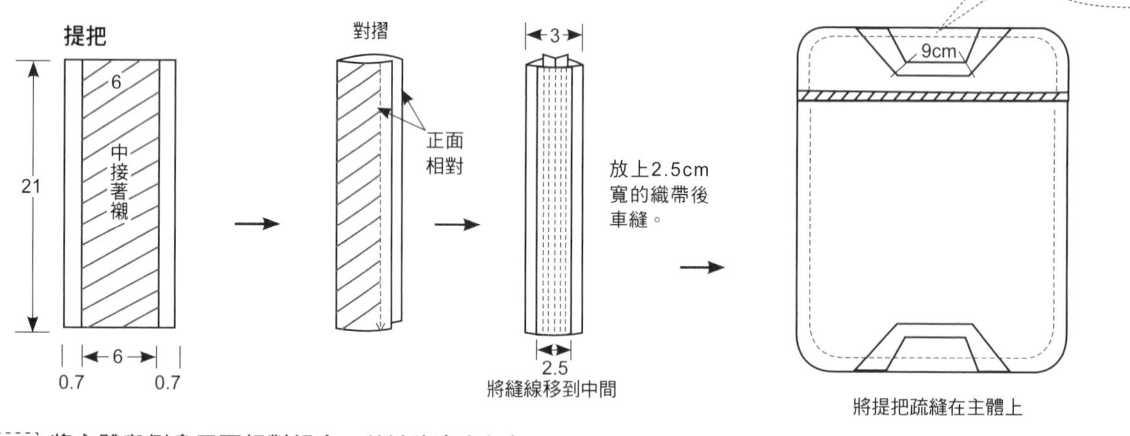


**10** 將主體與側身正面相對組合，並以滾邊布包起倒向主體側。

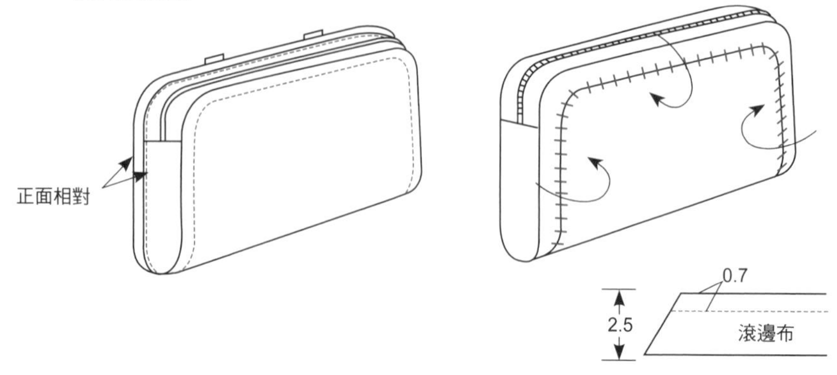

# 袋物寫真 紙型B面

P.49

**材料**

表布……50cm×60cm
裡布……50cm×60cm
袋底用布……50cm×60cm
外口袋用布……50cm×60cm
薄紗布……50cm×60cm
貼布縫用布 適量
鋪棉……（薄）50cm×60cm
提把用布……4cm×16cm 2片
繡線（黑色、草綠色）

**★製作流程：**依紙型裁布→製作口袋圖案拼接部分→製作內口袋部分→製作袋身部分→製作袋底部分→製作提把縫上即完成。

**※完成尺寸**

55
28
14
14
11
11
21
主體口袋
側身口袋
B
底部
側身口袋
B
A
主體口袋

21
10.5
A
主體口袋
摺雙 （2片）

11
10.5
B
側身口袋
摺雙 （2片）

1 依紙型及說明裁剪各部分所需用布。

2 製作口袋：參考紙型拼接布片，並進行貼布縫、刺繡，接合上袋底布，完成表布。

3 將厚接著襯貼於裡布，與表布、鋪棉疊合壓線車縫，袋口處以3.5cm寬滾邊布進行包邊處理。

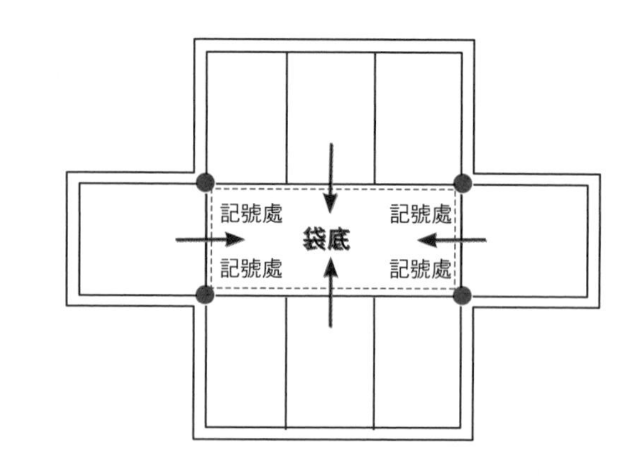


4 製作內層口袋：依圖示尺寸裁剪主體口袋布、側身口袋布，各自對摺，邊緣壓線，各製作2片。

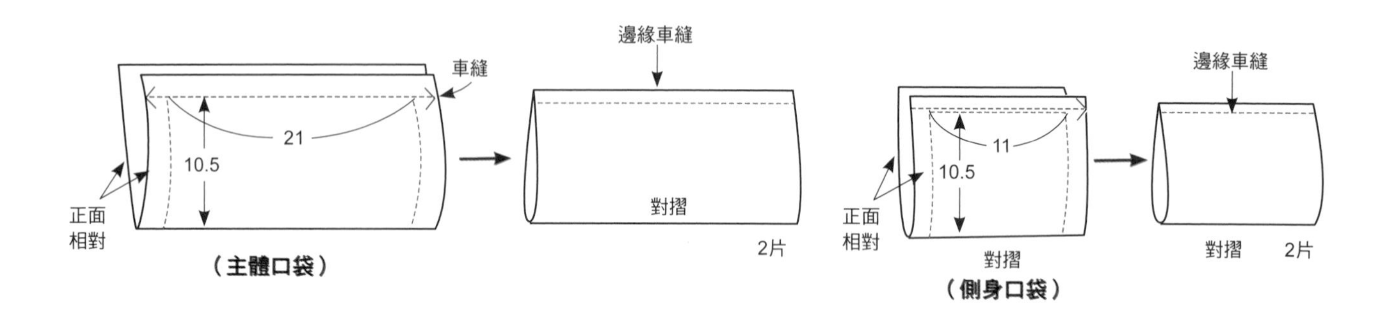


5 依圖示尺寸裁剪紗網布，在中央處畫上袋底的位置，將④的口袋放上，下側袋底摺入車縫，在21cm的中心處車縫隔間線。將4片口袋加在薄紗上。

6 在⑤的另一面加上作好拼接處理的②，袋底部分車縫固定。

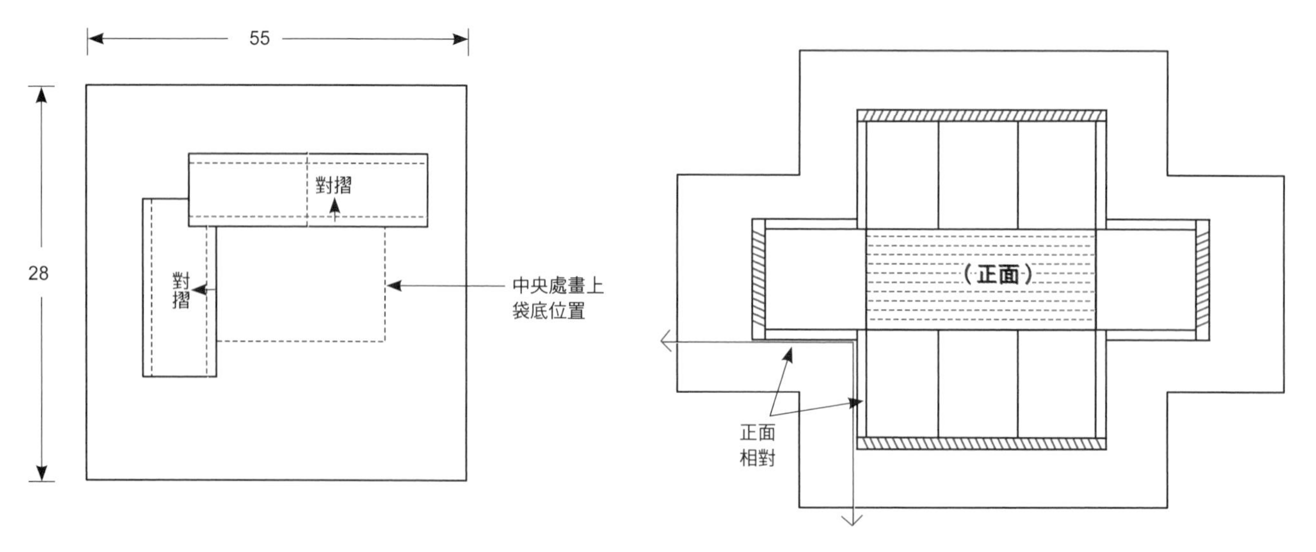

**7** 將袋身正面相對，車縫四邊接合的邊側，疊合處裁斷，以黑色滾邊條進行包邊處理，四個接合邊也以相同方法處理。

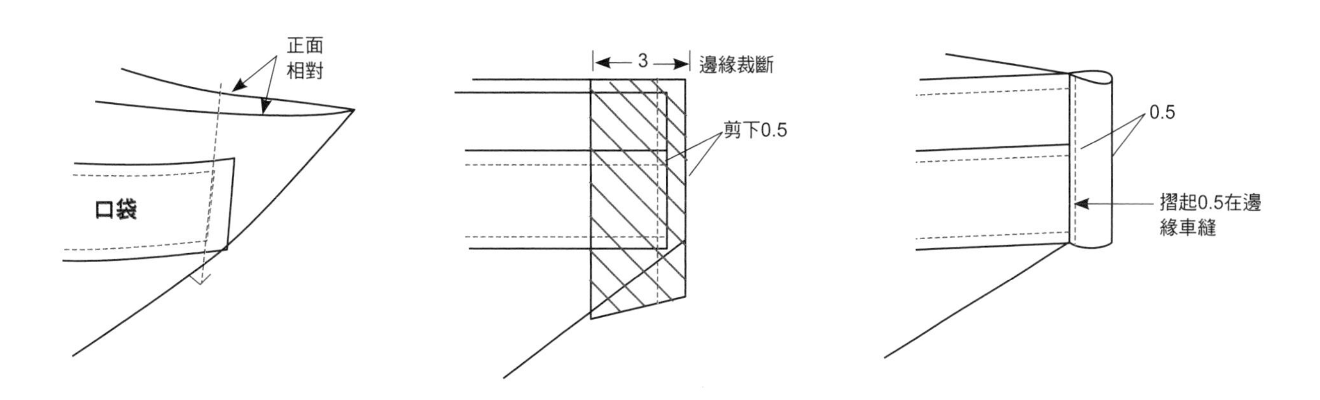


**8** 如圖尺寸裁剪滾邊布並製作，袋口處滾邊完成。

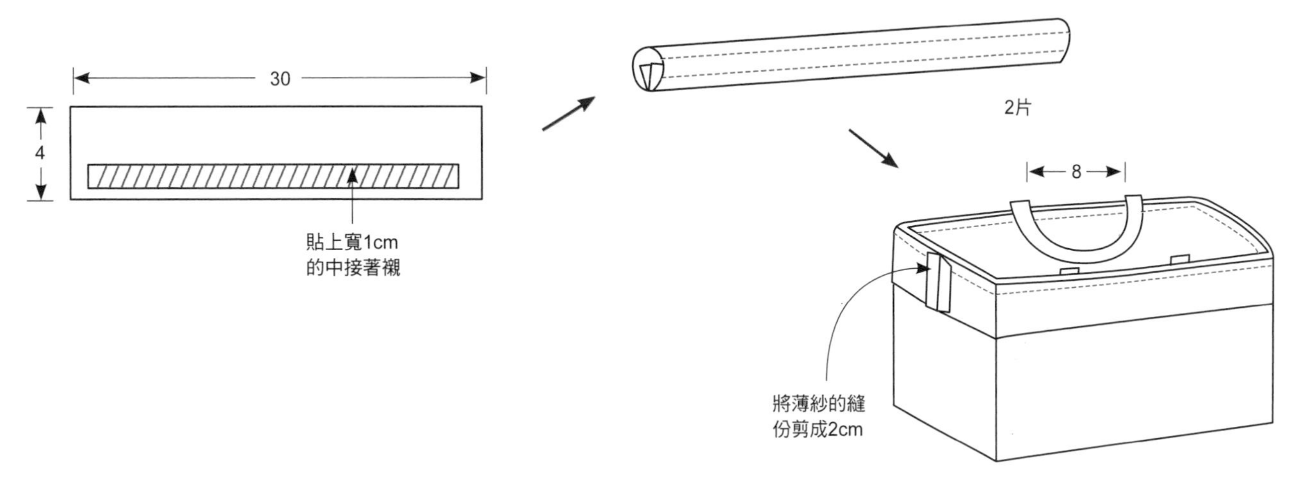


**9** 裁剪提把用布4cm×16cm，對摺後車縫裝飾線，完成2條，在袋身中間處疏縫固定，加上3.5cm寬的滾邊布，車縫邊緣後即完成。

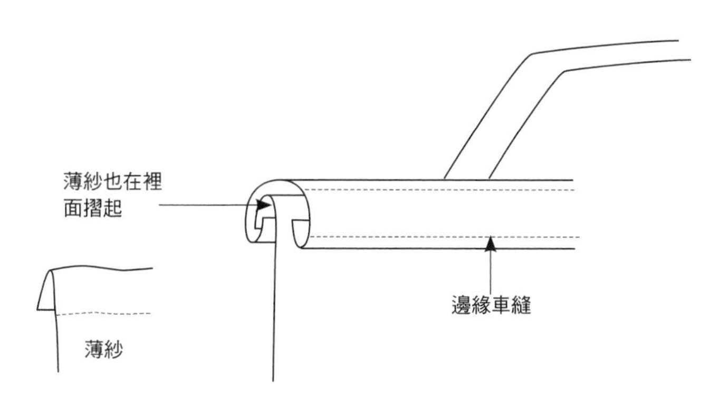

style

# 9 圓の花 紙型C面

P.30

**材料**

表布……40cm×45cm
袋底用布……12cm×32cm
貼布縫用布……適量
裡布……45cm×70cm
提把用布 ……12cm×67cm
拉鍊……23cm
蠟繩……65cm
接著襯（厚、薄）
繡線（原色、灰色、芥末黃色、米白色）

**★製作流程：**依紙型裁布→製作袋身前片、後片部分→接合拉鍊→製作袋底部分→接合袋身→接合側身→製作提把接合即完成。

**1** 依紙型及說明裁剪各部分所需用布。

**2** 製作袋身：參考圖片或紙型依圖示於前片＆後片製作圖案貼布縫、刺繡，並與鋪棉、裡布三層疊合壓線。

**3** 將薄接著襯貼於貼邊布，與②正面相對，往裡摺入，剪去多餘縫份與裡布以藏針縫接縫，放上拉鍊，沿邊縫合，兩端摺入並加強固定，以藏針縫縫合。並沿拉鍊外圈車縫一圈。

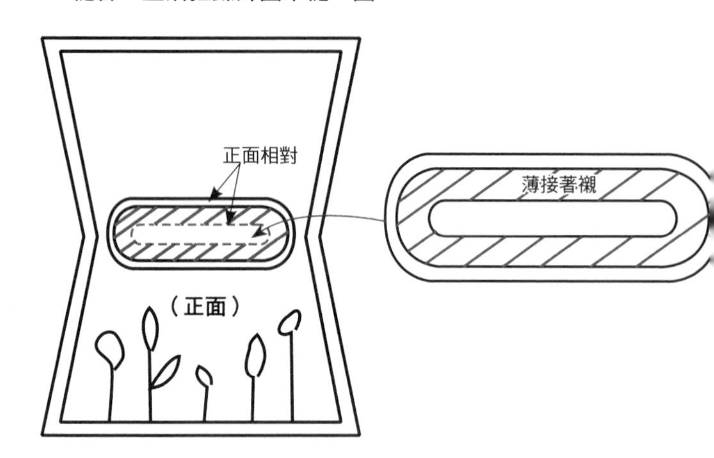


**4** 製作袋底：先在裡布貼上厚接著襯，再疊上鋪棉、表袋底布，三層疊合車縫。

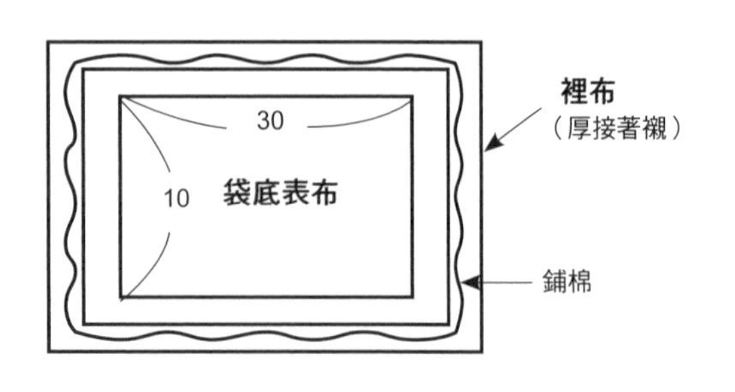


**5** 接合袋身：將袋身布前片與袋底正面相對接合，在記號之間縫起，以相同方式接合後片袋底，形成環狀。並利用主體的裡布進行包邊處理。

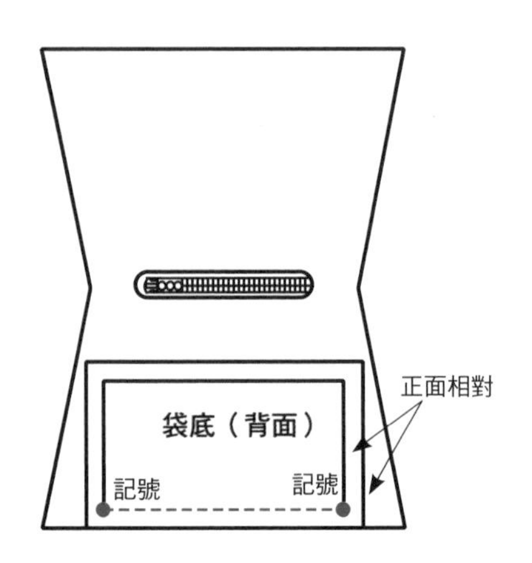

**6** 接合側身：將袋身主體兩側側身布背面相對，剪去多餘縫份，將兩側縫起，以3.5cm寬滾邊布進行包邊處理，並與底部接合。

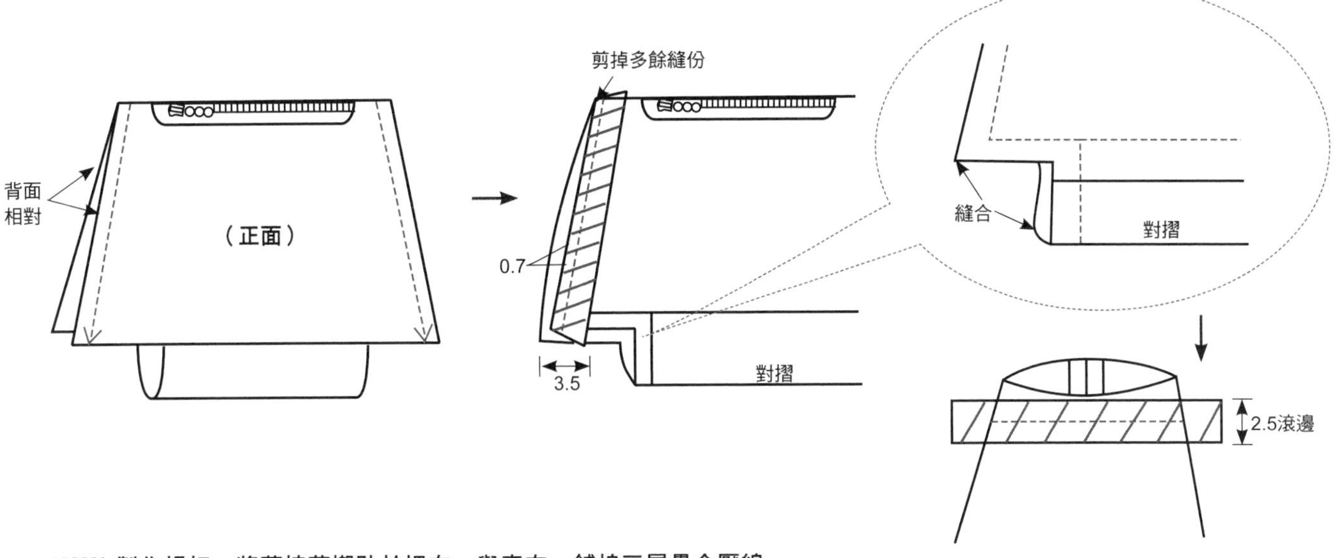


**7** 製作提把：將薄接著襯貼於裡布，與表布、鋪棉三層疊合壓線。將多餘的鋪棉剪掉，邊緣車縫後翻回正面，車縫至止縫點，形成兩端開散的管狀，再於接合處壓線。塞入蠟繩（粗）。

**8** 安裝提把：將提把一邊藏住主體滾邊布，一邊作2cm的藏針縫，提把的邊緣再車縫一道裝飾線即完成。

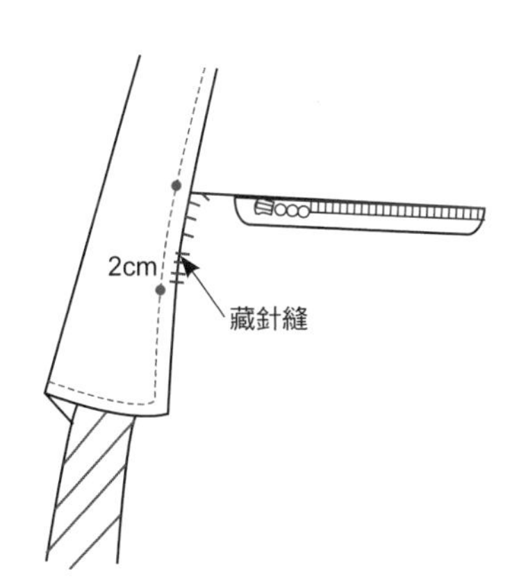

# Wreath's Letter 紙型D面

P.32

**材料**

表布……20cm×35cm
貼布縫用布……適量
側身用布……20cm×60cm
提把用布……10cm×40cm
裡布……50cm×90cm
鋪棉……50cm×90cm
拉鍊……16cm
接著襯（中）
問號勾環
D環
繡線（米白色、草綠色）

**★製作流程：**依紙型裁布→製作袋身前片、後片部分→接合拉鍊→製作袋底部分→製作提把→製作側身部分→接合袋身裝上勾環即完成。

**1** 依紙型及說明裁剪各部分所需用布。

**2** 製作前片及後片：依紙型製作袋身前片表布的貼布縫及刺繡，將薄接著襯貼於裡布，疊上鋪棉、表布，三層疊合壓線。後片也以相同方式製作，將中接著襯貼於裡布，與鋪棉、表布三層疊合壓線，但不作貼布縫。

**3** 製作拉鍊口布：依紙型及說明裁剪裡布、鋪棉、表布，將薄接著襯貼於裡布，疊上鋪棉、表布，三層疊合壓線。可參見P.95製作拉鍊部分。

**4** 製作提把：依尺寸說明裁下提把表布、鋪棉、裡布（燙上薄接著襯），依裡布、表布、鋪棉的順序疊合車縫，剪去多餘的鋪棉，留下0.1cm，翻回正面，壓線。

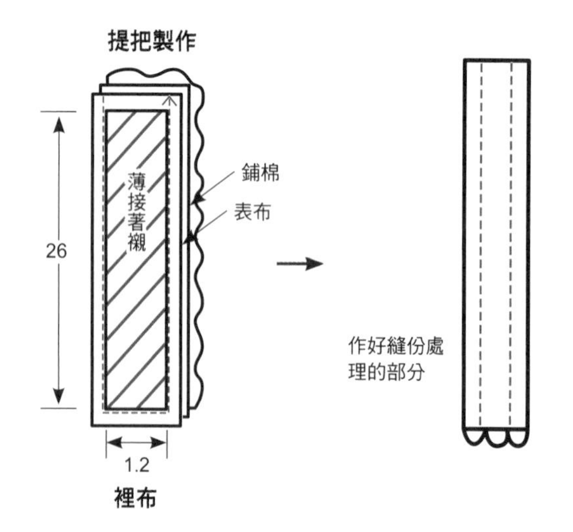


**5** 製作耳片：依尺寸說明裁下耳片布，將耳片布對摺，在邊緣處車縫，翻回正面後，於兩側壓線，套入D型環中。

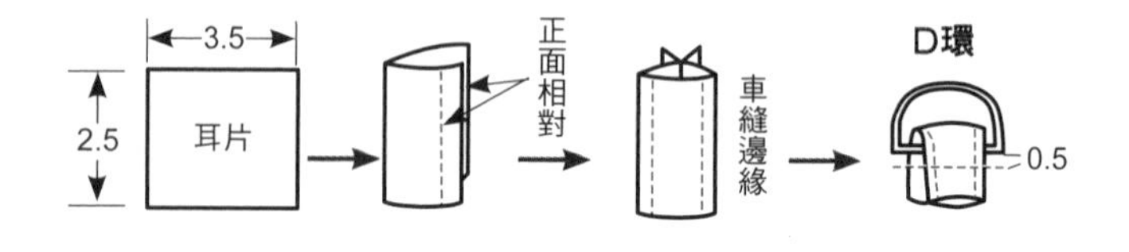


**6** 組合：將提把、耳片、拉鍊口布如圖組合。

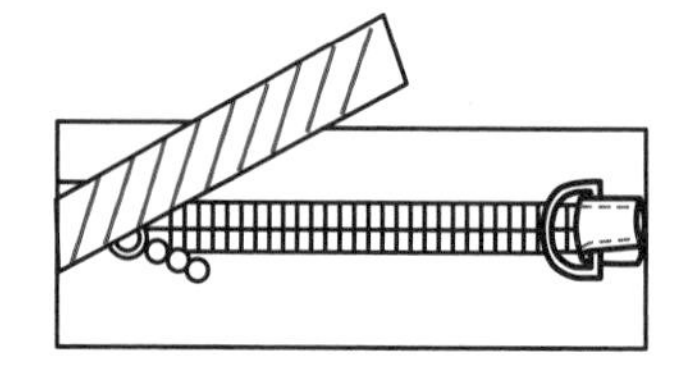

將提把及耳片夾入拉鍊布組合。

**7** 製作側身袋底：依紙型裁下側身表布、鋪棉、裡布。將中接著襯貼於裡布，與表布、鋪棉疊合，壓線。

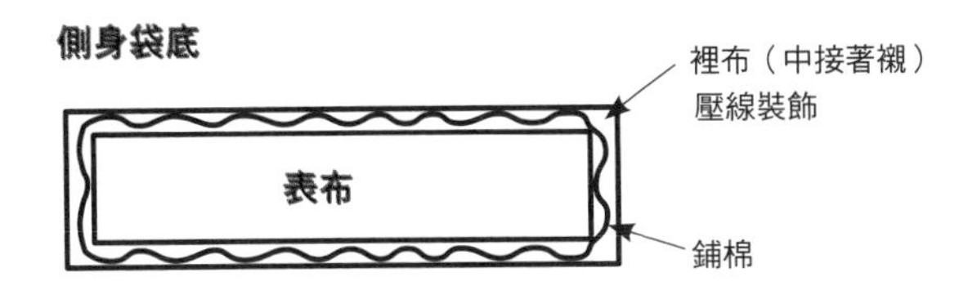


**8** 組合側身：將6及7正面相對、車縫，取滾邊布（2.5cm）以藏針縫包邊，縫份倒向袋底側身處。另一側也以相同方式處理。

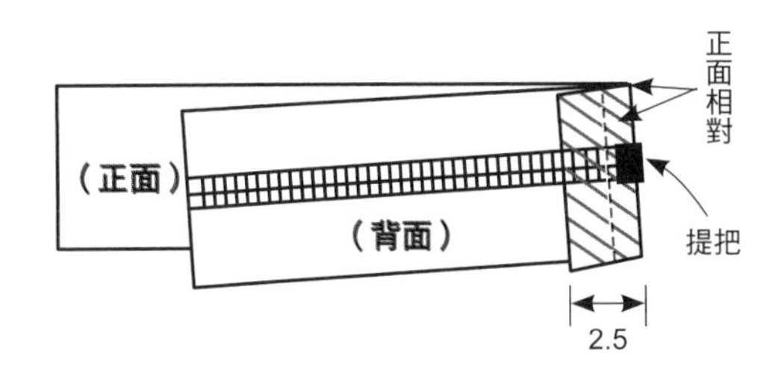


**9** 接合袋身；將本體和側身正面相對組合，剪去多餘縫份，以2.5cm寬滾邊布包邊處理。滾邊布從側身側縫上後再倒向主體側，以藏針縫縫合。

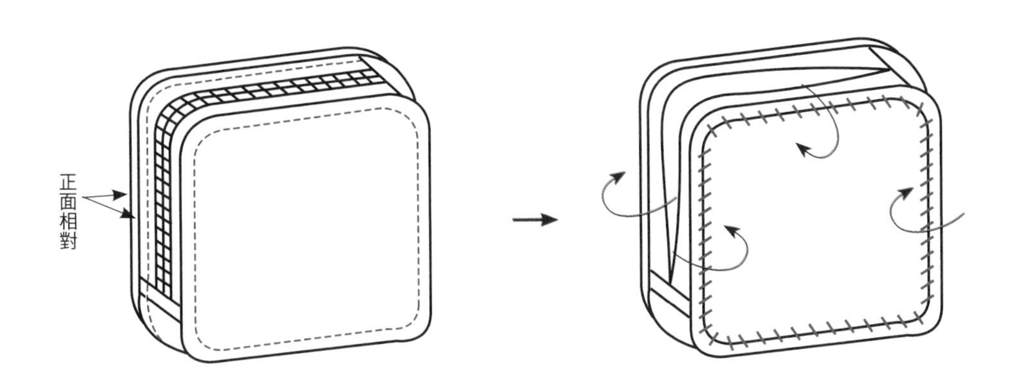


**10** 穿過勾環，將提把摺起藏針縫合，再以裝飾布片處理前端即完成。

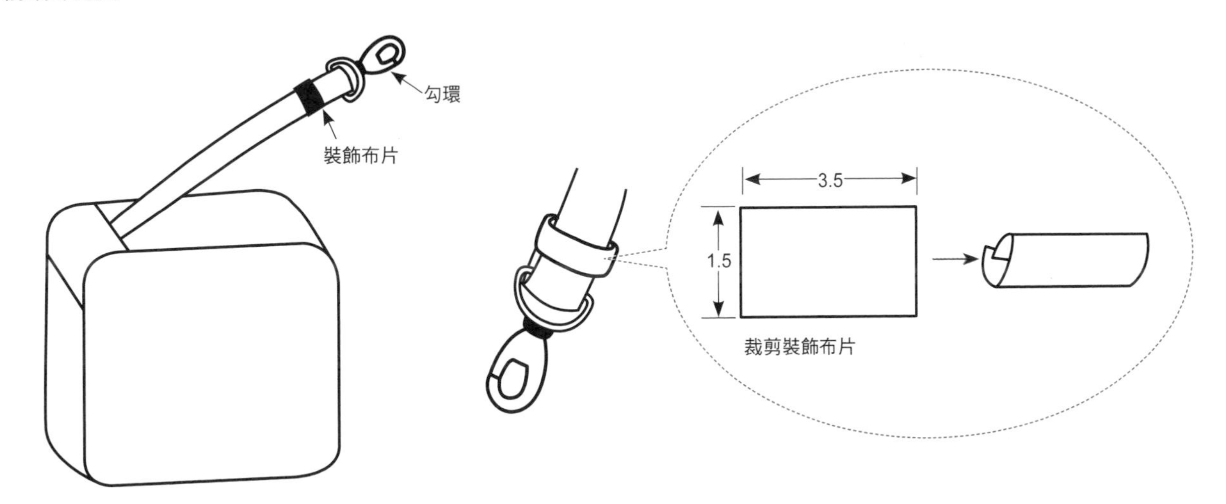

# 四季交響 紙型B面

**材料**

表布……60cm×110cm
裡布……110cm×110cm
鋪棉……110cm×140cm
配色用布……適量
提把
造型木釦……2顆
拉鍊……41cm 1條、43cm 1條
繡線（米白色、藍色、咖啡色、梅紅色、原色、綠色、茶色、褐色）

**★製作流程：**依紙型裁布→製作前片拼接及刺繡部分→製作口袋部分→接合拉鍊部分→組合→製作提把安裝即完成。

**1** 依紙型及說明裁剪各部分所需用布。

**2** 依紙型及說明完成第2層部分的拼接及刺繡。

**3** 參考紙型裁剪2款裡布（主體用布、口袋用布）。

第1層 主體用裡布

第2層 口袋用裡布

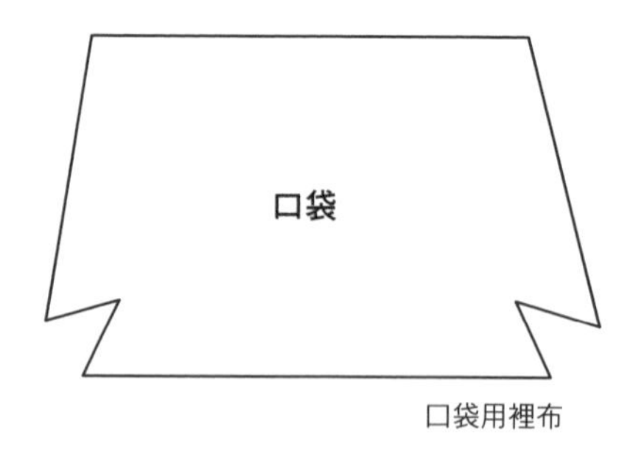


口袋用裡布

主體用裡布

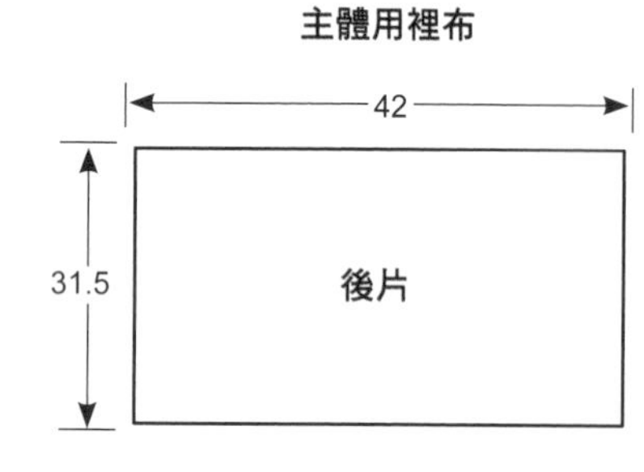


**4** 將表布、鋪棉、裡布疊合，進行壓線，在背面畫上完成尺寸線。在第1層、第2層下作0.7cm寬的包邊處理。

**5** 準備2片42cm×27.5cm的隔間布。

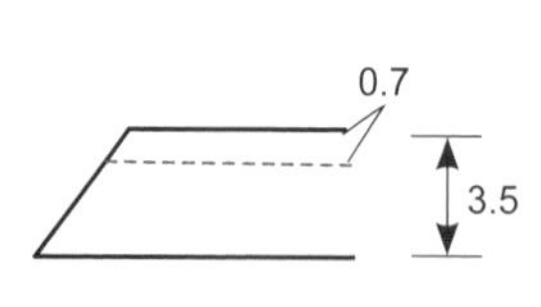


**6** 依照口袋用裡布隔間布、拼接處理完成的第2層、拉鍊、主體用裡布分隔布的順序疊合，車縫。

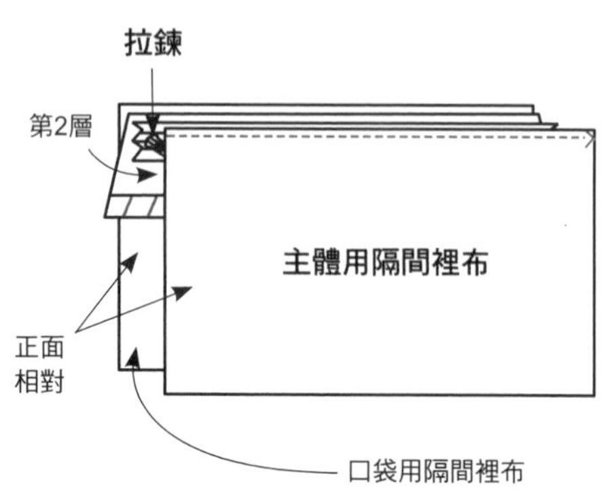


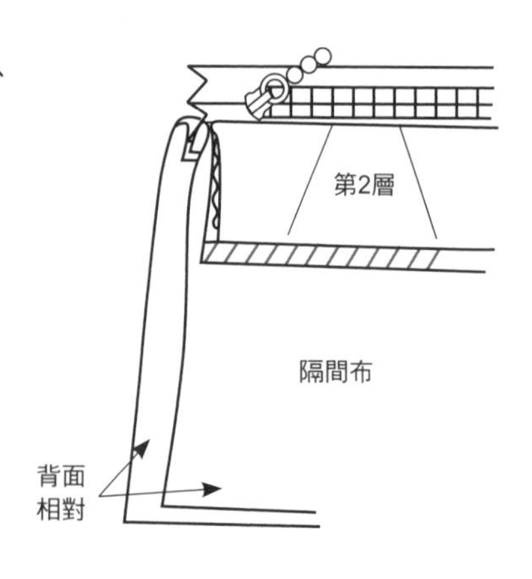

**7** 將第1層放在完成部分上，能藏住拉鍊的位置，以回針縫將拉鍊縫上。

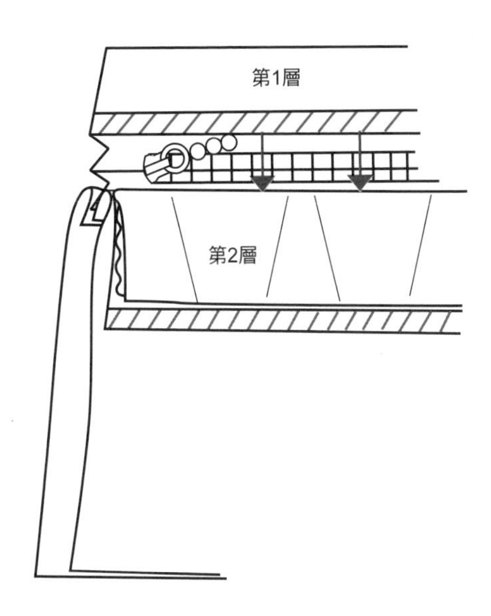


**8** 將口袋部分三層壓線後，接縫起褶角，縫份倒向單側，以藏針縫縫合。

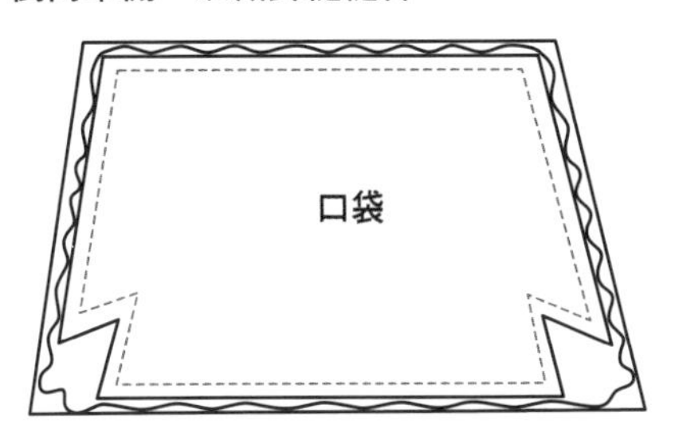


**9** 將⑧與拉鍊正面相對、車縫，翻起後在背面將拉鍊布以藏針縫縫合。

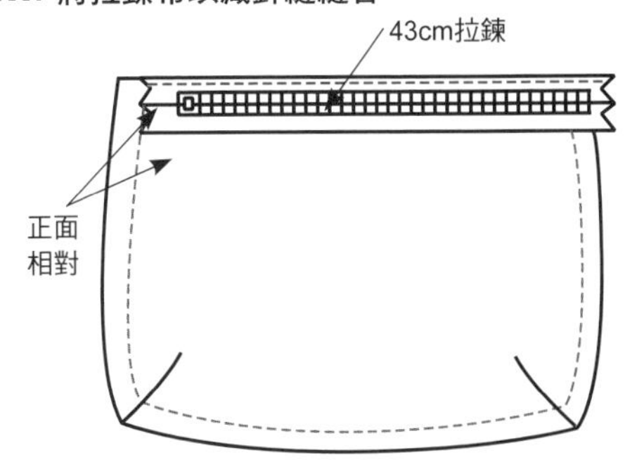


**10** 以⑦的作法在口袋部分，往下能藏住口袋部拉鍊的位置處，以回針縫將拉鍊縫在第2層上。對齊完成尺寸線將其暫時固定縫住。

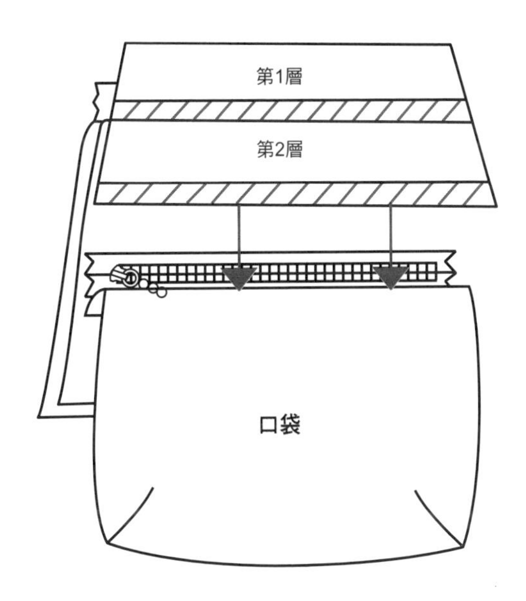


**11** 參考紙型裁剪皮革提把，如圖製作提把，並將提把疏縫後固定。

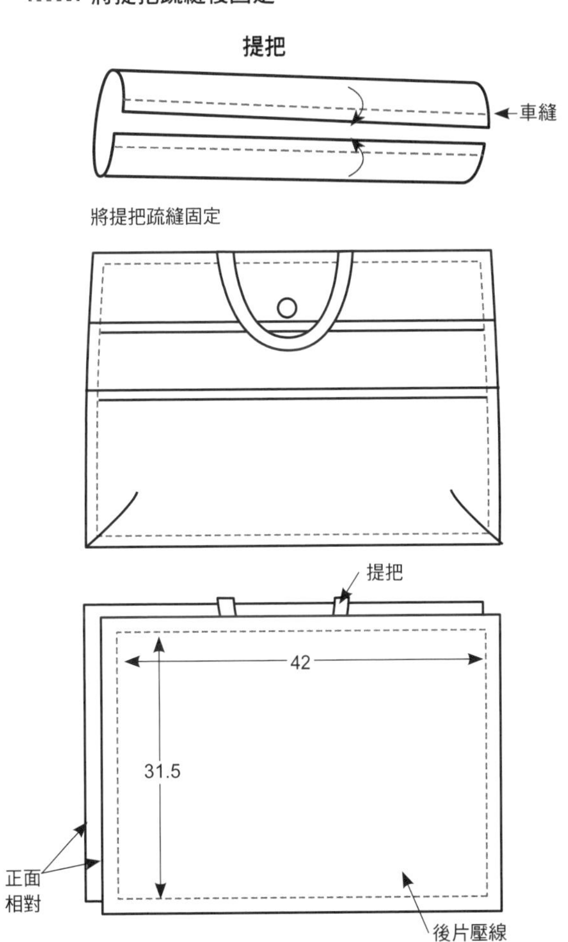


**12** 將⑪與後方完成拼接的部分正面相對，四邊縫合。※必須將第一層的口袋部分的拉鍊事先打開。並以後方部分的裡布將縫份進行包邊處理後即完成。

style
# 12 貝殼の迴旋 紙型C面

**材料**

表布……60cm×110cm
裡布……60cm×110cm
鋪棉……60cm×110cm
接著襯（中）
拉鍊……30cm 1條
繡線（灰色）
提把1組

**★製作流程：**依紙型裁布→製作袋身前片、後片部分→接合拉鍊→製作側身部分→接合袋身→縫上提把即完成。

**1** 依紙型及說明裁剪各部分所需用布。

**2** 製作前袋身及後袋身：以布塊拼接成袋面表布2片，進行刺繡，將中接著襯貼於裡布，疊上鋪棉、表布，三層疊合壓線。再將2片袋面表布拼接成前袋身，以單側裡布進行包邊處理。後袋身以相同作法完成，但不需拼接，將中接著襯貼於裡布，與鋪棉、表布三層疊合壓線，也不需作刺繡。

**3** 製作上側身拉鍊口布：依紙型及說明裁剪裡布、鋪棉、表布，可參見P.95製作拉鍊部分。裡布（貼好中接著襯）、鋪棉、表布三層疊合壓線。再與拉鍊正面相對車縫，將多餘的拉鍊布縫份剪去，往內摺。

**4** 製作拉鍊耳片：將耳片布對摺，如圖車縫，將縫份移至中間，製作2片，並安裝於拉鍊口布上。

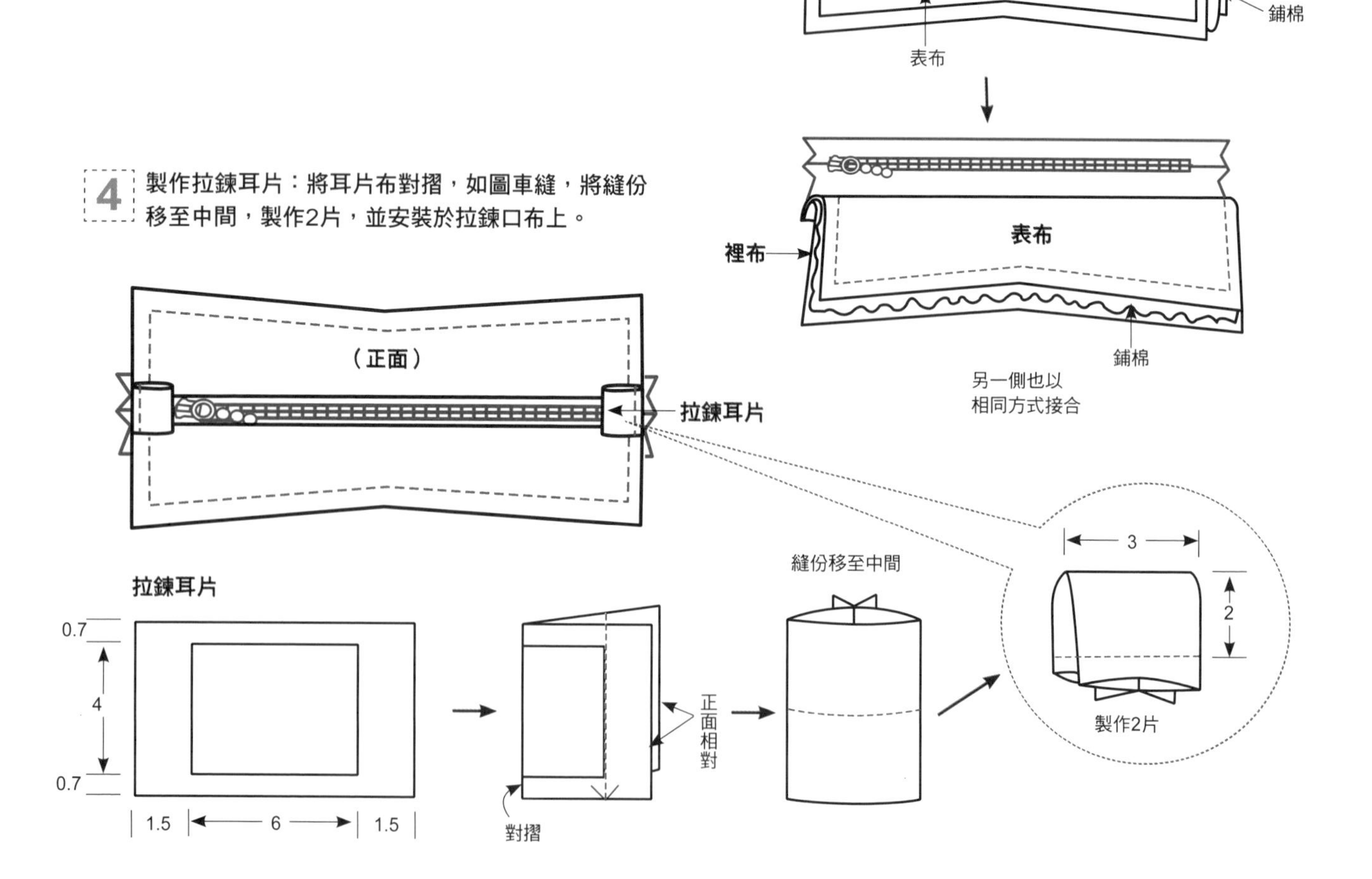

**5** 製作下側身：以布塊拼接成側身表布。將厚接著襯貼於裡布，於表布進行刺繡，作出線條，再與裡布、鋪棉疊合，並參照布紋隨意壓線。（參考紙型）

**6** 組合側身：將④、⑤正面相對、車縫，取2.5cm寬滾邊布以藏針縫包邊，縫份倒向袋底側身處，以藏針縫起，將側身與口布接合成環狀。

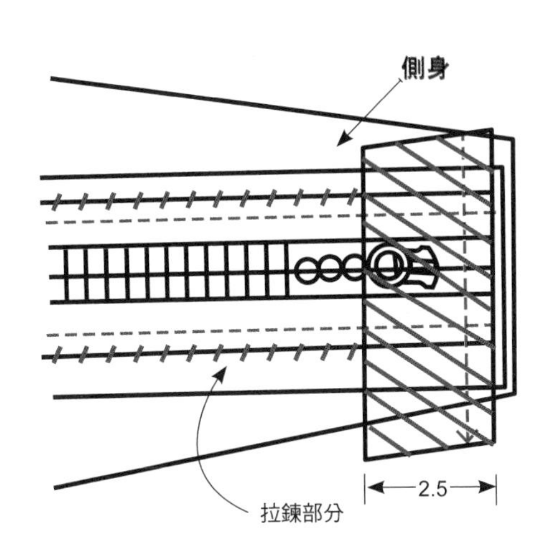


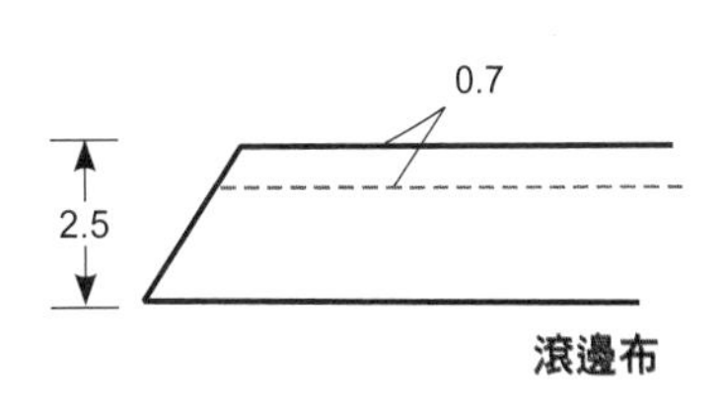


**7** 接合袋身；將提把固定於離主體中心7cm的位置上，與側身正面相對縫合，剪去多餘縫份，以2.5cm寬滾邊布包邊處理。滾邊布從側身側縫上後再倒向主體側，以藏針縫縫合即完成。

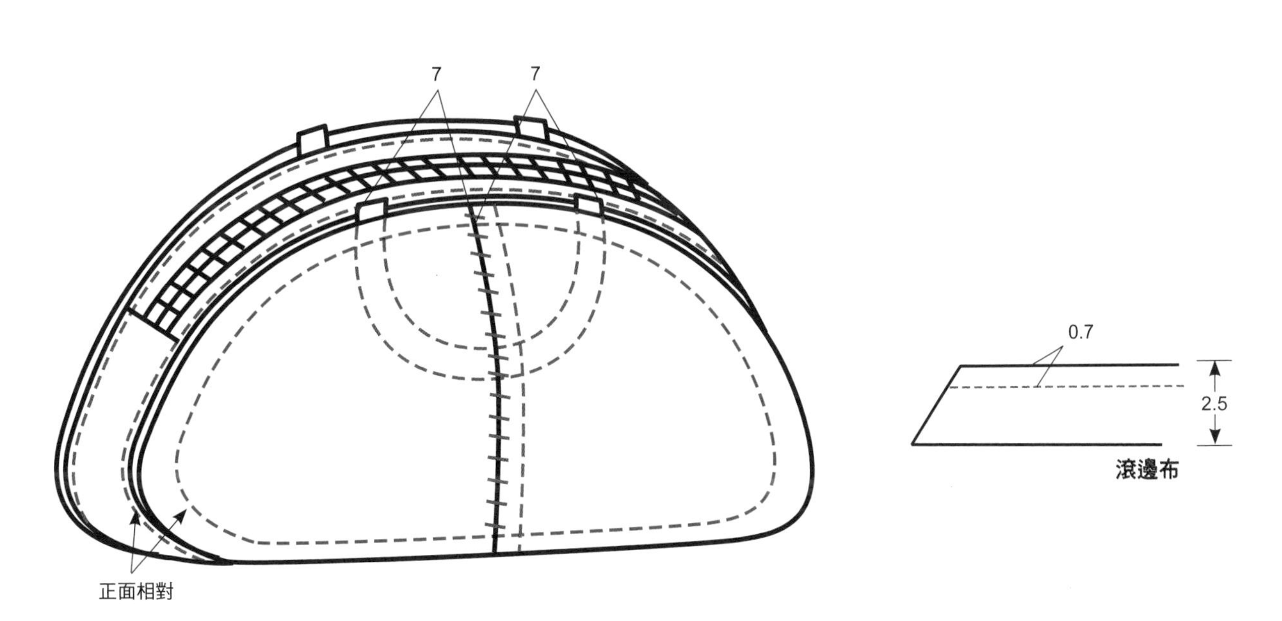

style 13

# 花音 紙型D面

P.38

**材料**

表布……90cm×110cm
裡布……90cm×110cm
滾邊條及提把……60cm×90cm
鋪棉……90cm×110cm
接著襯（薄）
布花用布……適量
拉鍊……28cm

※布花作法請參考 P.76

**★製作流程：**依紙型裁布→製作拉鍊口布部分→製作口袋部分→接合袋身→製作內口袋部分→組合→製作提把安裝即完成。

**1** 依紙型及說明裁剪各部分所需用布。

**2** 製作拉鍊口布：依紙型裁剪拉鍊口布，參考圖示製作。

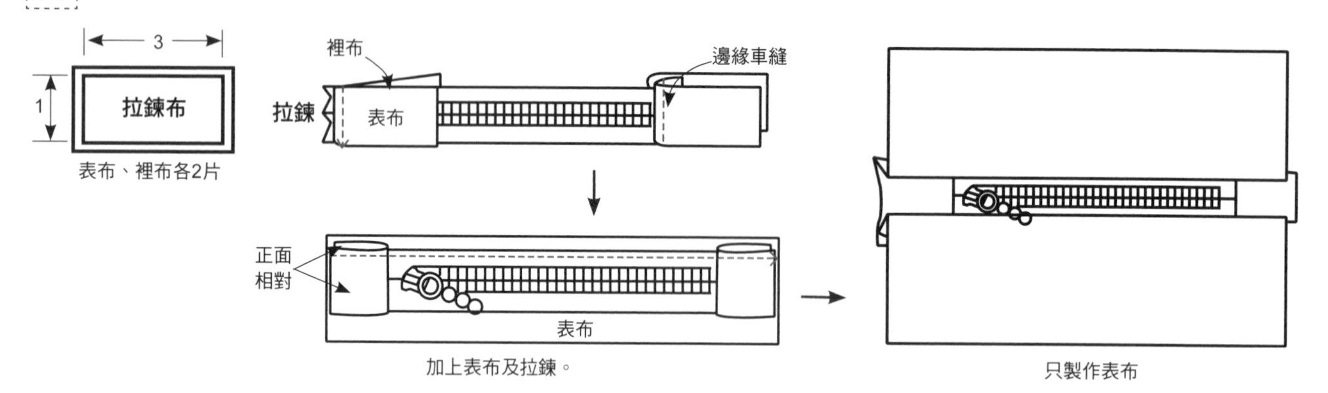


**3** 製作表袋身前、後口袋：依紙型裁剪口袋用布，將薄接著襯貼於裡布，與表布疊合壓線。袋口處取3.5cm寬滾邊布以藏針縫進行包邊，製作2片。

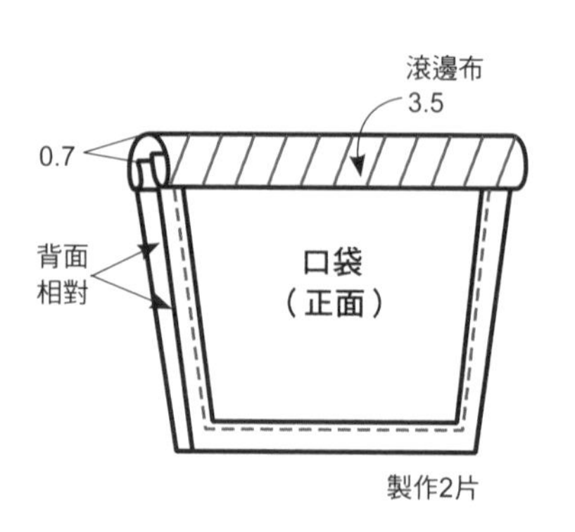


**4** 接合表側身：依紙型以表布裁下側身布，接縫前、後口袋，如圖。先縫合記號之間，上面開始5cm處，再縫上主體與拉鍊部分，另一側也以相同方式製作。

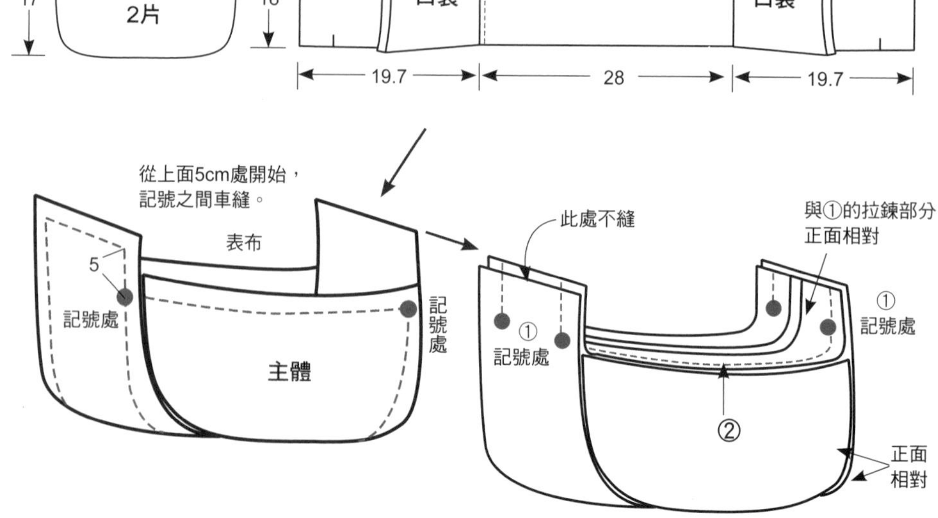

**5** 製作裡袋：依紙型以裡布裁下裡布（2片）及袋底布並接縫。

**6** 製作內袋的口袋：以裡布裁剪口袋布2片，正面相對車縫，翻回正面，固定於裡袋的側身布上，以此方法製作兩個內口袋，如圖。

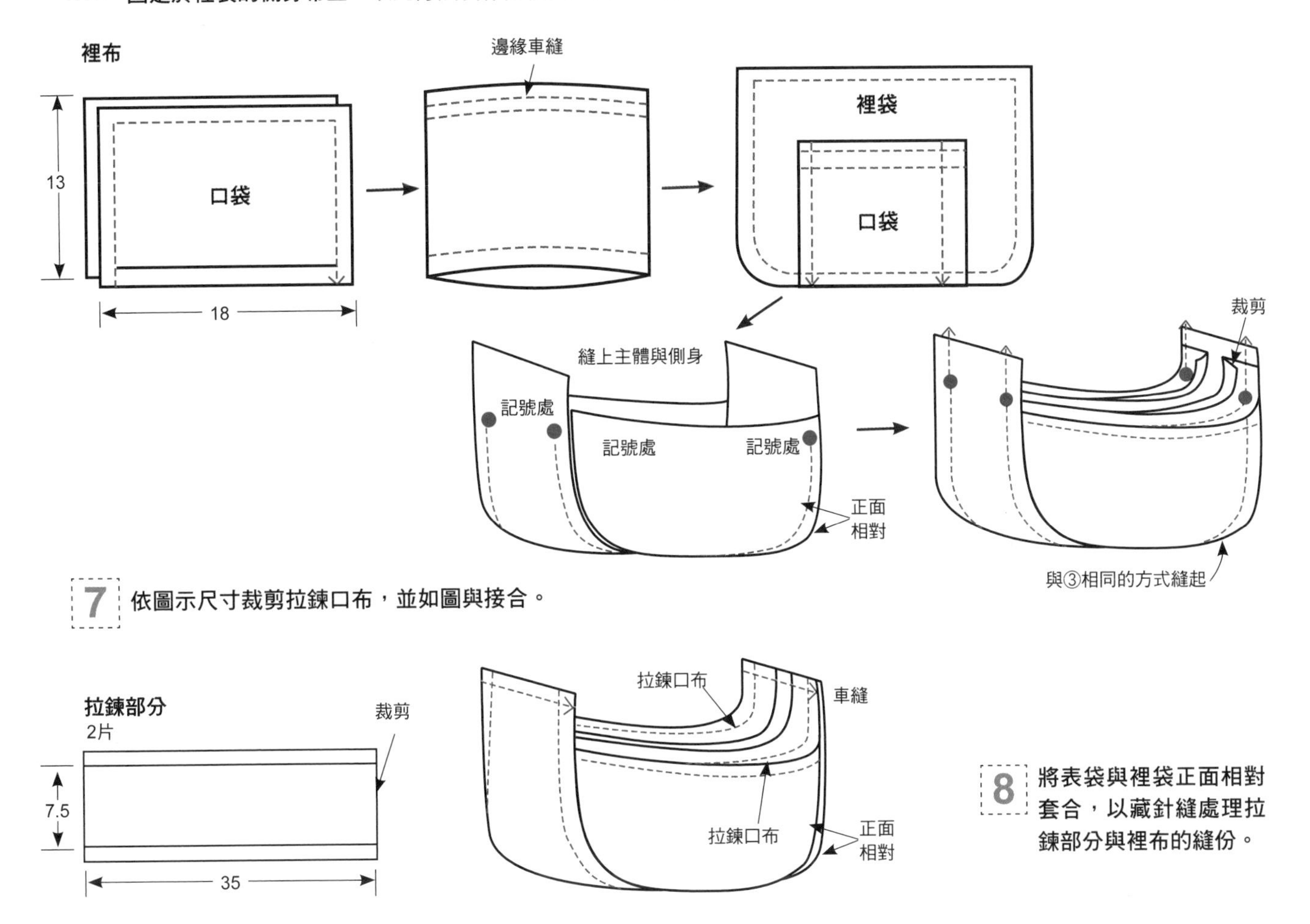


**7** 依圖示尺寸裁剪拉鍊口布，並如圖與接合。

拉鍊部分
2片
裁剪
7.5
35
拉鍊口布
車縫
拉鍊口布
正面
相對

**8** 將表袋與裡袋正面相對套合，以藏針縫處理拉鍊部分與裡布的縫份。

**9** 製作提把：依紙型裁下提把表布、裡布、接著襯，如圖各自燙貼上接著襯後，背面相對如圖車縫邊緣，製作2條，再固定於袋面上，另一側依相同作法製作，縫上製作好的布花即完成。

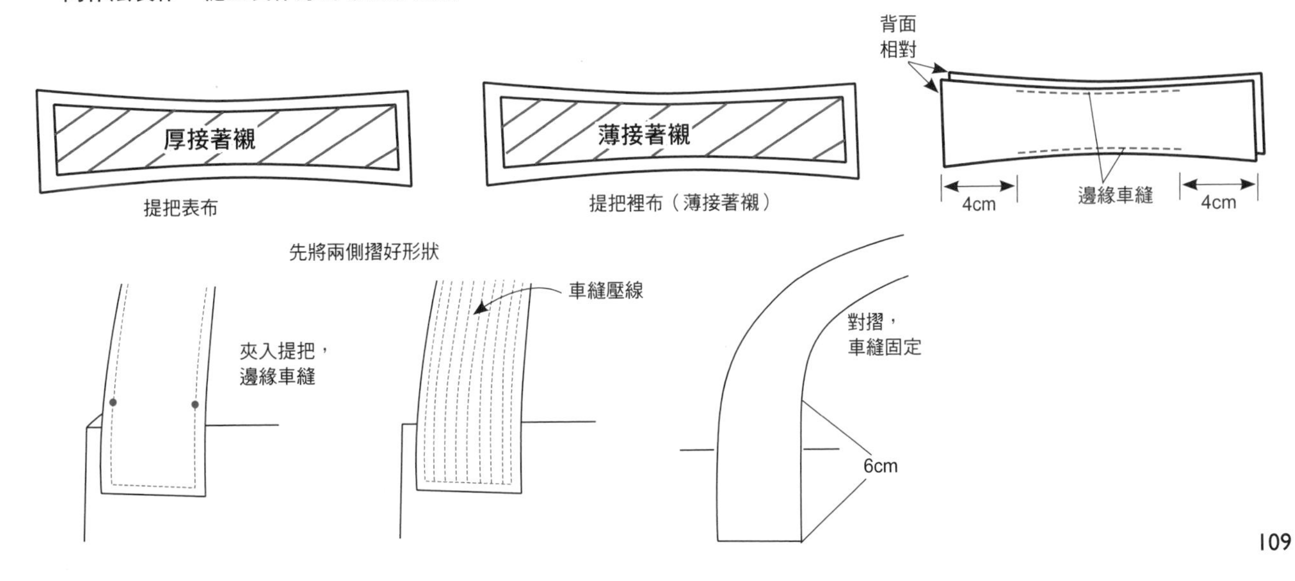

# 天空步橋 紙型D面

P.40

**材料**

表布…… 60cm×60cm
後面 袋蓋……50cm×60cm
裡布……90cm×110cm
蠟繩……110cm
四角環
調節長度金屬環
織帶……150cm
拉鍊
鋪棉……90cm×110cm
接著襯（中）

**★製作流程：**依紙型裁布→製作及拼接編織布條→接合袋身→接合拉鍊部分→抓底→組合→安裝提把即完成。

**1** 依紙型及說明裁剪各部分所需用布。

**2** 拼接編織布條：如圖製作三種不同尺寸之布條。參考紙型，於表布上交錯編織補布條，假縫固定，以藏針縫進行貼布縫。

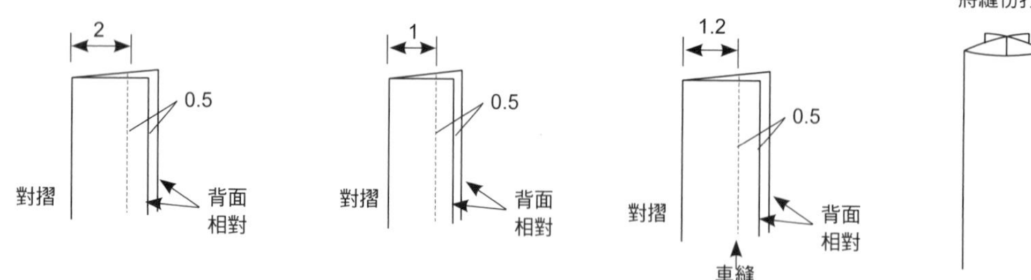


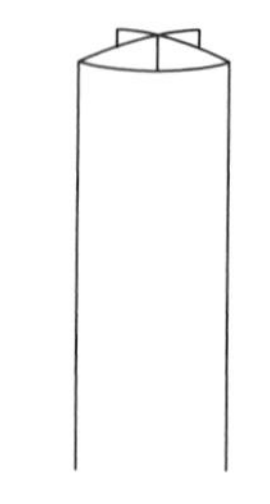


**3** 組合袋身前片：將薄接著襯貼於裡布，疊上鋪棉，與拼接好圖案的表布進行三層疊合壓線，背面畫上完成尺寸線。

**4** 摺起拉鍊的尾端，將袋身前片與拉鍊正面相對，疊合後以珠針固定，疊上滾邊布後車縫。將縫份剪至0.7cm，摺進背面以藏針縫處理。

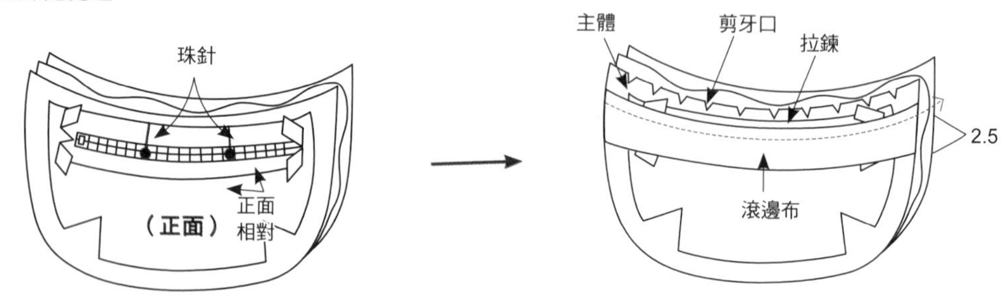


**5** 縫合底角，以藏針縫接合，縫份倒向中央藏針縫處。

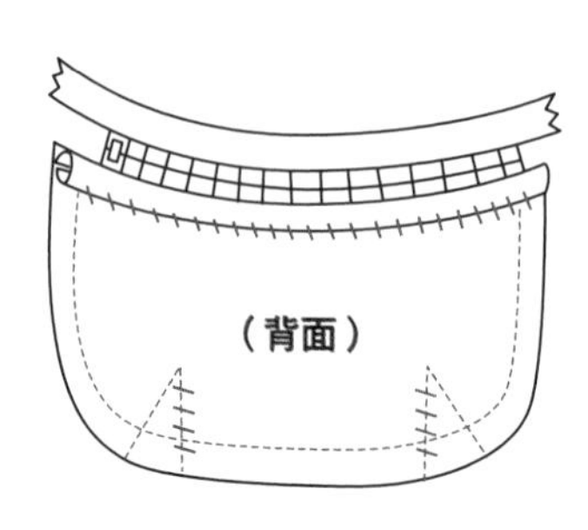

**6** 製作後袋身：裡布燙上中接著襯與鋪棉、表布三層壓線，在表面畫上完成尺寸線。並如圖製作裝飾布。取一段織帶，穿入四角環，對摺後做成吊耳，另取長織帶150cm，如圖與袋身接縫。

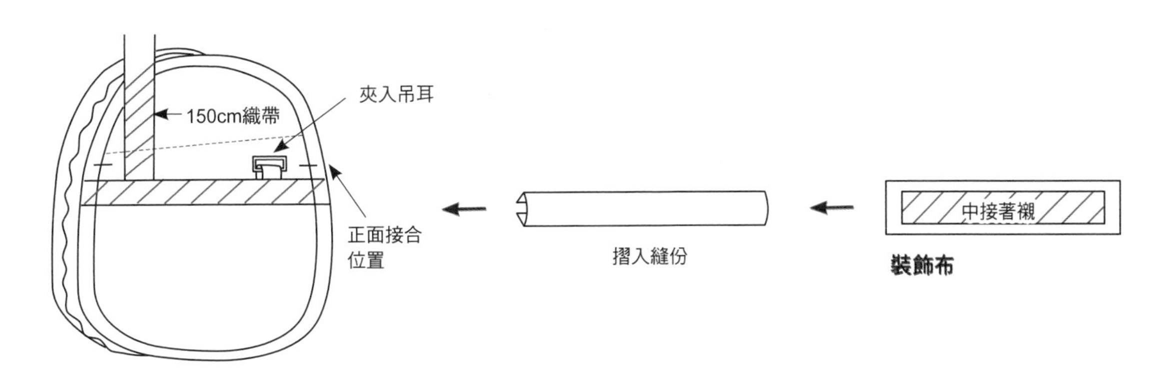


**7** 取2.5cm寬滾邊布包住蠟繩，先假縫於後袋身邊緣後，車縫固定。

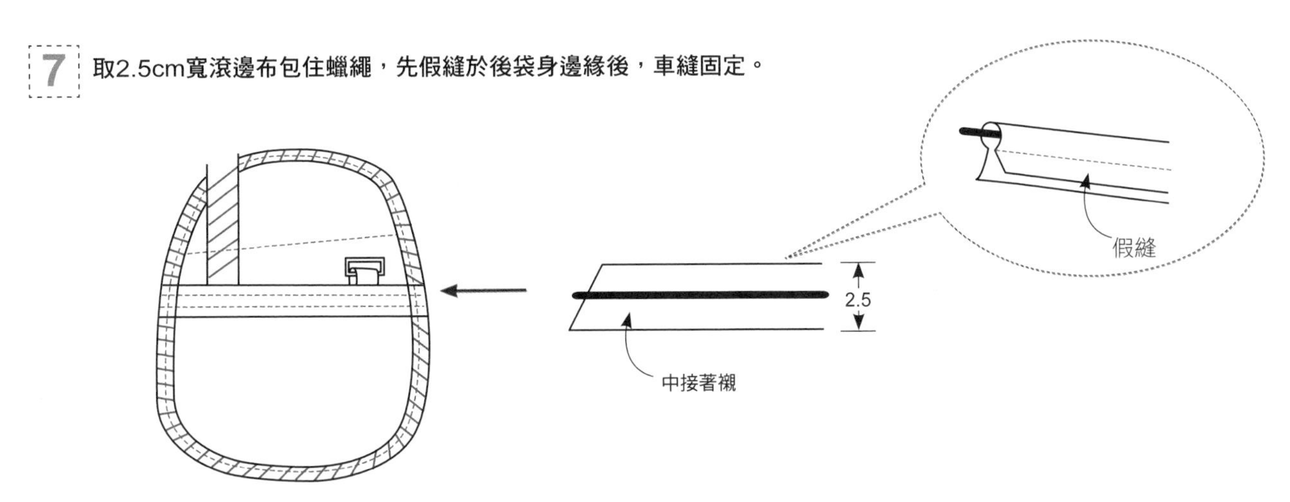


**8** 後袋身與前袋身組合後，也將袋蓋的拉鍊部分縫上。

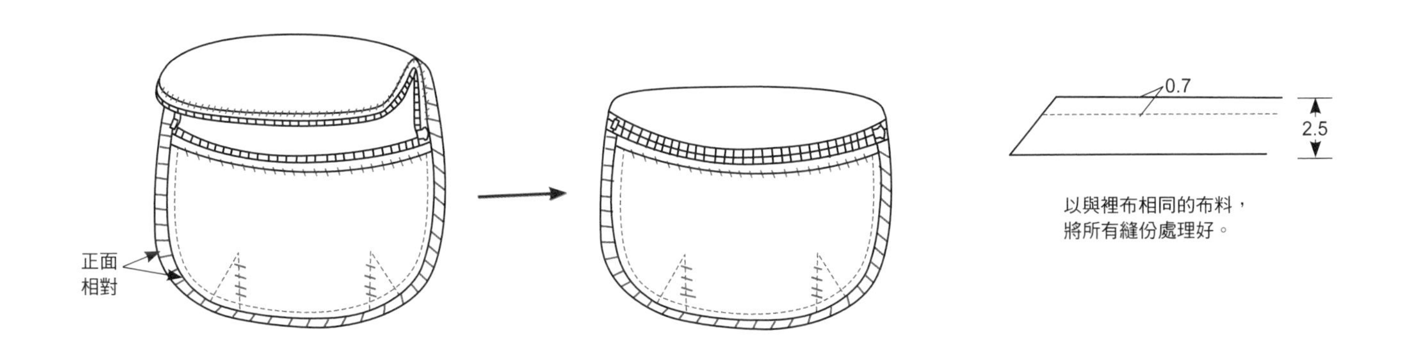


**9** 將調節用金具穿過織帶，調整好背帶長度後即完成。

style 15

# 繁星樹 紙型D面

P.42

**材料**

表布……60cm×90cm
裡布……90cm×110cm
鋪棉……90cm×110cm
接著襯（厚、中、薄）
拉鍊（22cm、38cm）

四角環2個
調整長度金屬環
織帶……1.5m
繡線……（巧克力色）

**★製作流程：**依紙型裁布→製作口袋部分→製作拉鍊口布，安裝拉鍊部分→製作側身部分→組合→安裝提把即完成。

**1** 依紙型及說明裁剪各部分所需用布。

**2** 製作口袋：依圖示製作口袋袋面的貼布縫及刺繡，將薄接著襯貼於裡布，疊上鋪棉、表布，三層疊合壓線。

**3** 將薄接著襯貼於貼邊，與②正面相對車縫。參考P.77的作品相同方式製作，加上拉鍊。

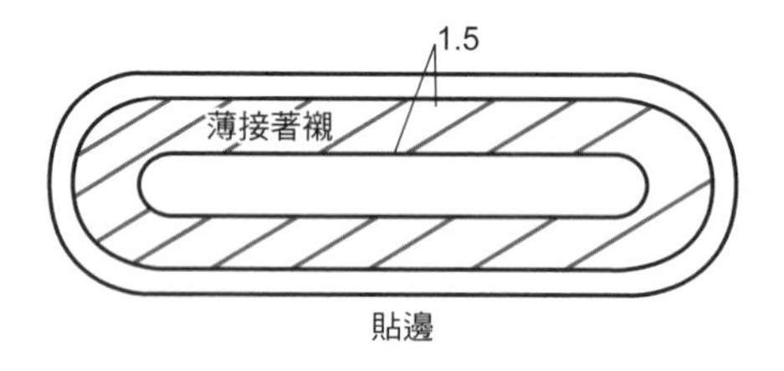


**4** 以裡布裁取隔間布2片，燙貼上薄接著襯，接合成一片，與③背面相對，暫時疏縫固定。

隔間布

背面相對

放上隔間布（相同尺寸）與③背面相對，暫時縫上固定。

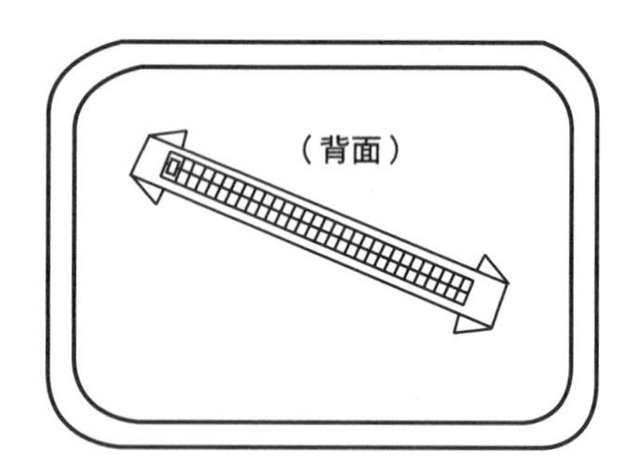


**5** 上側身製作拉鍊口布＆安裝拉鍊：依紙型及說明裁剪裡布、鋪棉、表布，將薄接著襯貼於裡布，疊上鋪棉、表布，三層疊合壓線。

**6** 製作耳片：將中接著襯（3.8cm×5cm）貼在4.8cm×5cm的布上，與相同的布正面相對疊合，車縫。翻回正面在邊緣車縫，穿入四角環，製作2個。

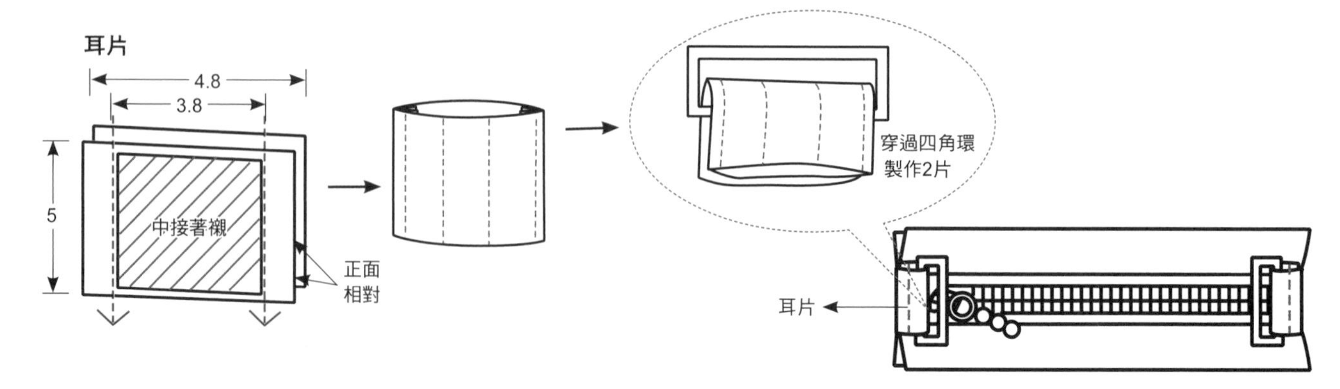

**7** 製作下側身：依紙型裁下側身表布、鋪棉、裡布。將厚接著襯貼於裡布，與表布、鋪棉疊合，壓線。

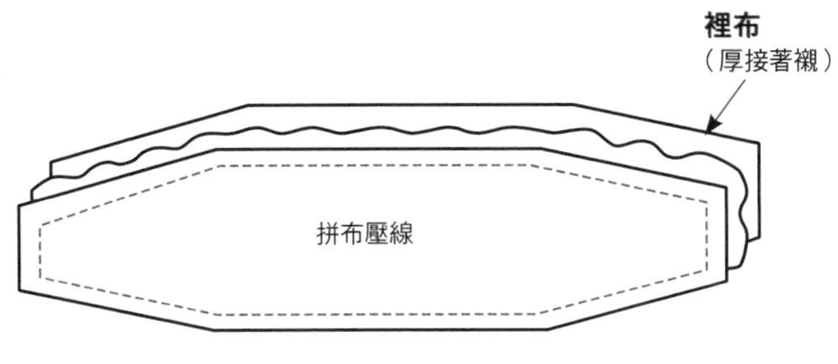


縫份以2.5cm滾邊布包住，倒向主體側、藏針縫合。

**8** 組合⑥及⑦。以滾邊布進行包邊處理，縫份倒向袋底側，以藏針縫縫合。另一側也以相同方式製作，形成環狀。

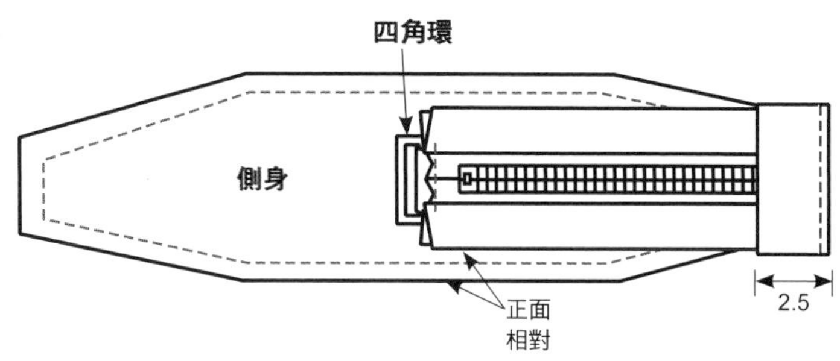


以2.5cm的滾邊布包住，倒向袋底側，藏針縫合。
另一側也以相同方式製作，形成環狀。

**9** 接合袋身：將④和環狀側身正面相對組合，剪去多餘縫份，倒向主體側，進行包邊處理，以藏針縫縫合。

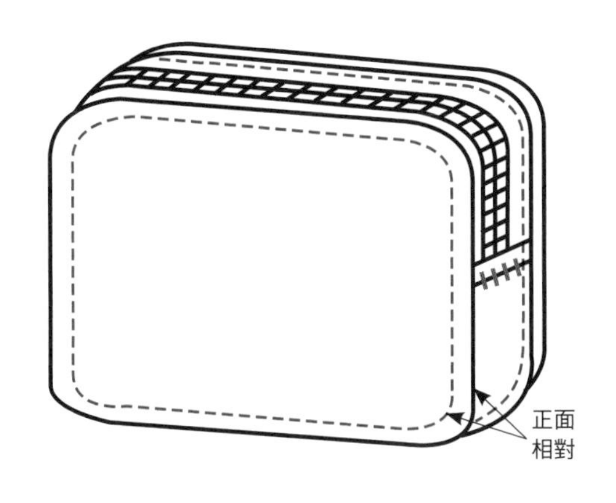


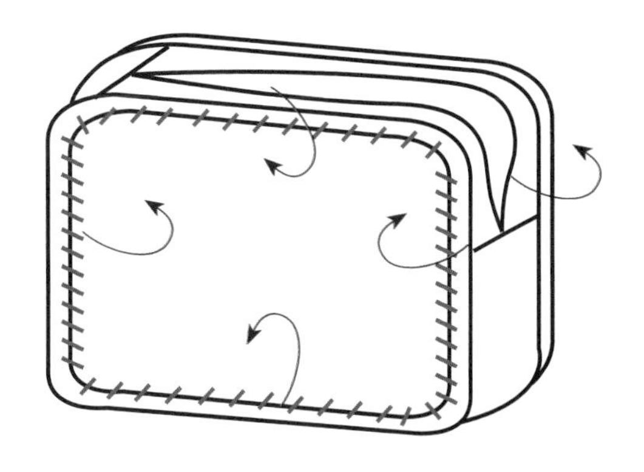

**10** 將寬3.8cm× 1.5m的布條放進調節長度金屬環，穿過四角環，將前端摺起車縫固定，調整至適合長度即可。

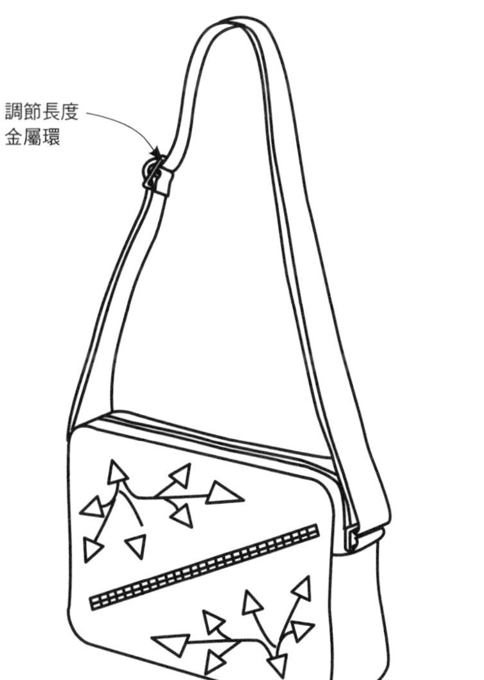

# Sewing Life 紙型A面

P.44

**材料**

表布……90cm×110cm
貼布縫用布……適量
裡布……90cm×110cm
鋪棉……90cm×110cm
側身用布……60cm×90cm
口袋用布……60cm×90cm
雞眼釦……四組
織帶……1.5m
繡線……（黑色、白色、藍色）

**★製作流程：**紙型裁布→製作袋身部分→製作側身部分→製作口袋部分→組合→製作提把安裝即完成。

**1** 依紙型及說明裁剪各部分所需用布。

**2** 製作袋身：依紙型製作於表袋身上製作貼布縫和刺繡，裁剪裡布、鋪棉，將薄接著襯貼於裡布，疊上鋪棉、表布，三層疊合壓線。

23
54

**3** 製作側身口袋：依表布、裡布、鋪棉的順序疊合，在袋口側車縫。將多餘的鋪棉剪掉，留下0.1cm。翻回表布正面，手縫壓線。

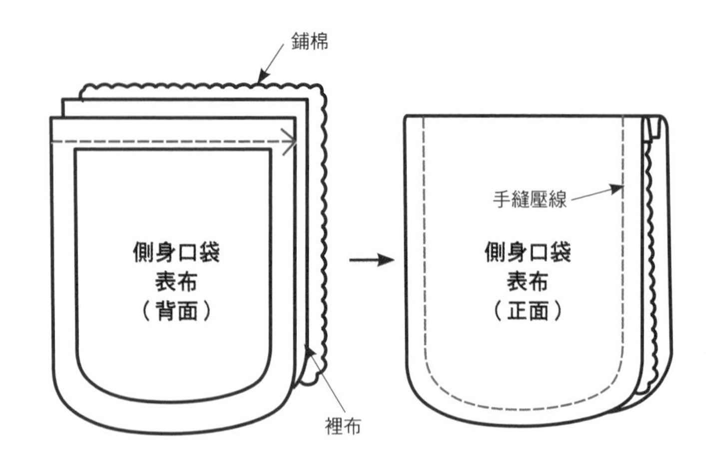


**4** 製作側身：參考紙型裁布，依表布、裡布、鋪棉的順序疊合壓線，完成2片，將多餘的鋪棉剪掉，留下0.1cm。翻回表布正面，手縫壓線。於背面中間線壓一道線，如圖。並將側身與口袋（對準口袋的完成尺寸）先暫時疏縫固定。

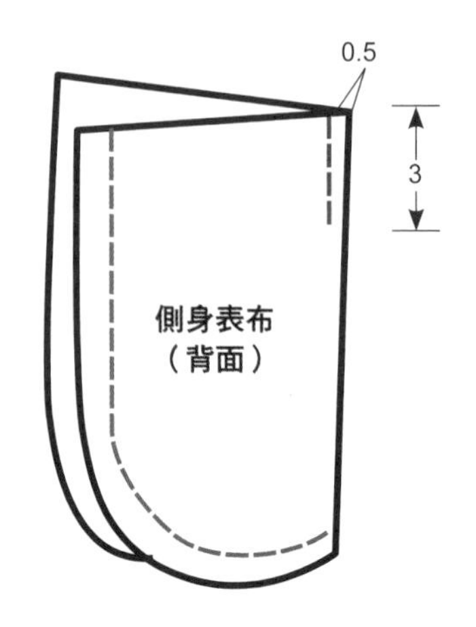

**5** 接合側身＆袋身：依圖示的記號點，將側身、口袋與袋身接合。以2.5cm寬滾邊布從側身處進行包邊處理（記號之間），縫份再倒向主體，以藏針縫縫起。

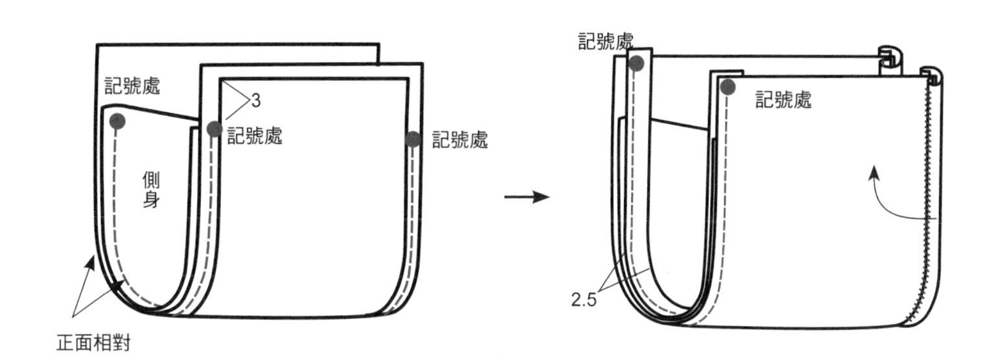


**6** 袋口處也以相同方式進行包邊，以藏針縫縫合。並將邊角整理好。

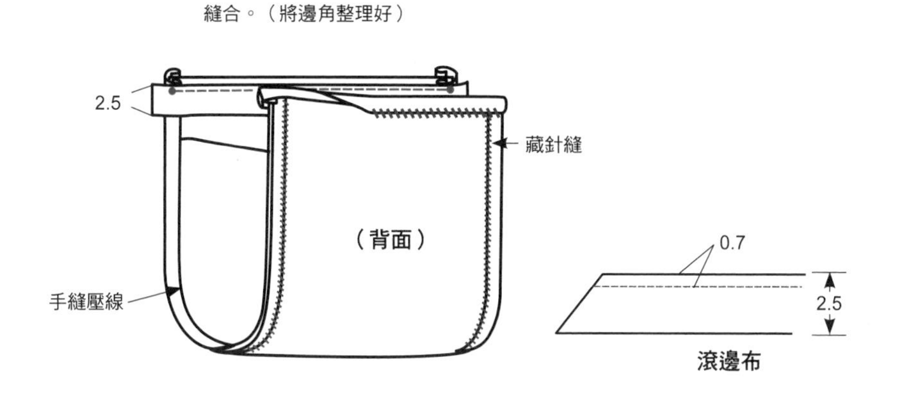


**7** 在袋身上的四個邊角作好雞眼釦洞孔大小的記號後打洞，並裝上雞眼釦。

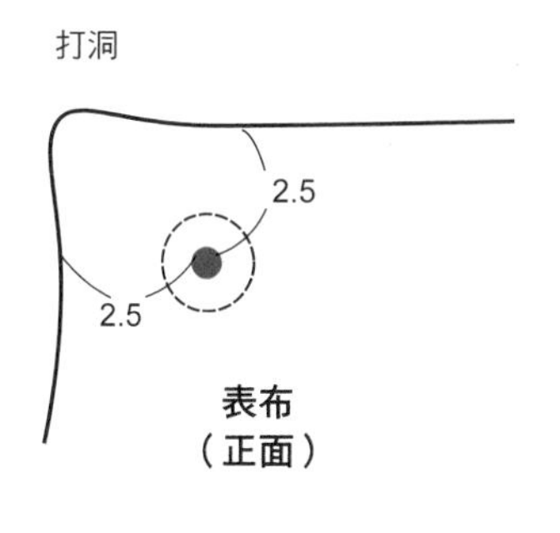


**8** 製作提把：如圖示尺寸裁剪織帶及布條。布條對摺，摺成1.2cm寬，在織帶中間處疏縫固定，於兩側身車縫後即完成，製作2條。

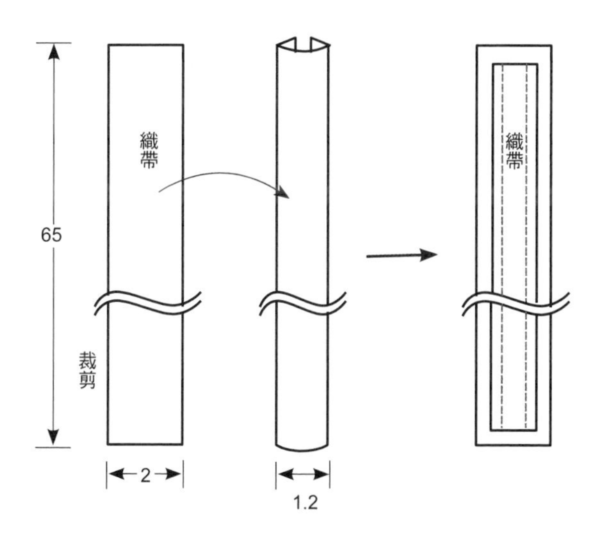


**9** 將提把一端穿入袋身一側的雞眼釦洞中，另一端穿入同一袋面的雞眼釦洞中，尾端摺入收尾，以縫紉機車縫固定即可，另一面的提把也以相同方法處理即完成 。

# 魚樂 紙型B面

P.46

**材料**

表布……60cm×90cm
貼布縫用布……適量
裡布……60cm×90cm
接著襯（厚、中）
織帶
木釦……2顆
拉鍊……25cm

**★製作流程：** 依紙型裁布→製作袋身貼布縫部分→製作拉鍊部分→組合→製作袋底部分→接合袋身→製作提把安裝即完成。

**1** 依紙型及說明裁剪各部分所需用布。

**2** 在底布A～D上預先畫上縫份。

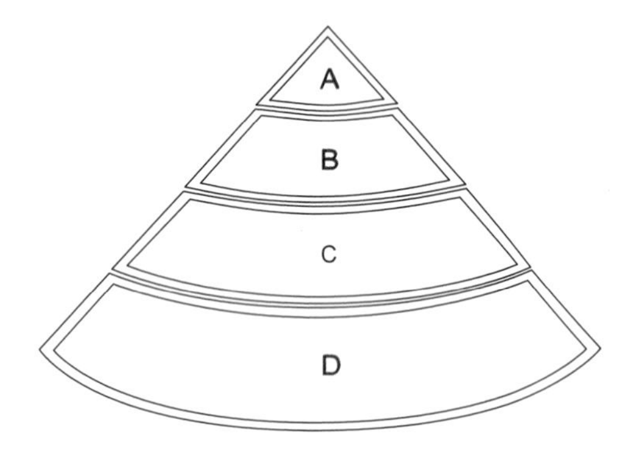


**3** 作出每一布片的三角形＆B片上的魚尾巴貼布縫。

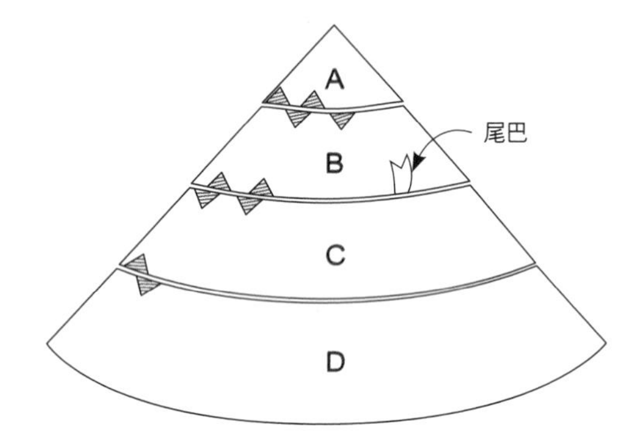


**4** 將C、D接合，由下往上按照B A的順序，將表布接合。

**5** 將鯨魚圖案的貼布縫完成後壓線。

**6** 將表布及裡布正面相對，下方放上鋪棉，在表布畫上記號線，在點線上（完成線）車縫。

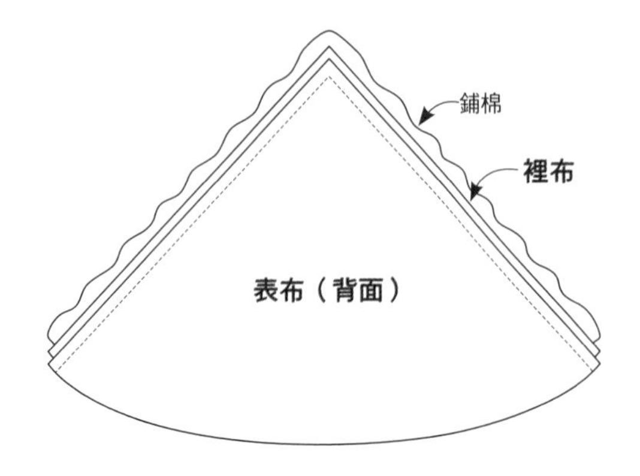


**7** 沿車縫線外側的完成線修剪多餘縫份及鋪棉，翻回正面。

**8** 袋面依布料圖案進行疏縫壓線。

**9** 拉開拉鍊，將拉鍊車縫在表布上，需從正面看得到鋸齒，將拉鍊的尾端以藏針縫縫在裡布上。

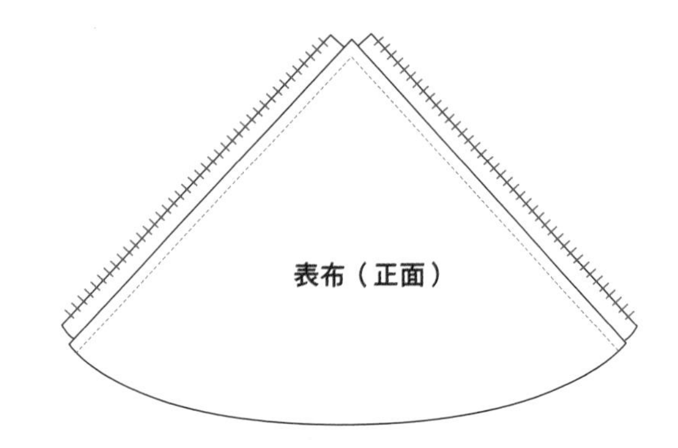

**10** 拉上拉鍊頭，作成圓錐狀。

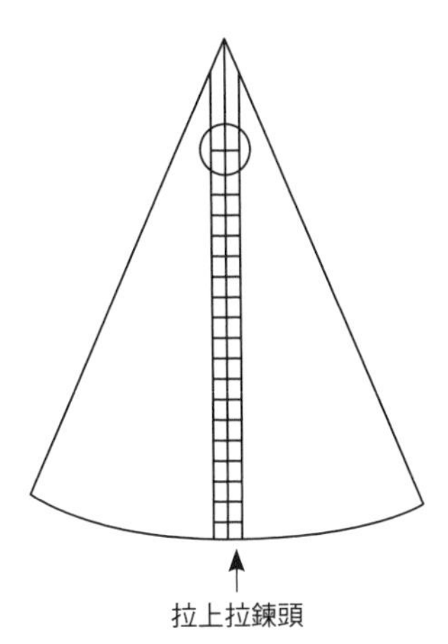


**11** 製作下部：裁布7x60m（已含縫份），裡布貼上中接著襯，與雙面接著鋪棉三層疊起，按照圖案作1cm間隔的壓線。兩端接合車縫成環狀，縫份以裡布包起，倒向單側後以藏針縫縫合。

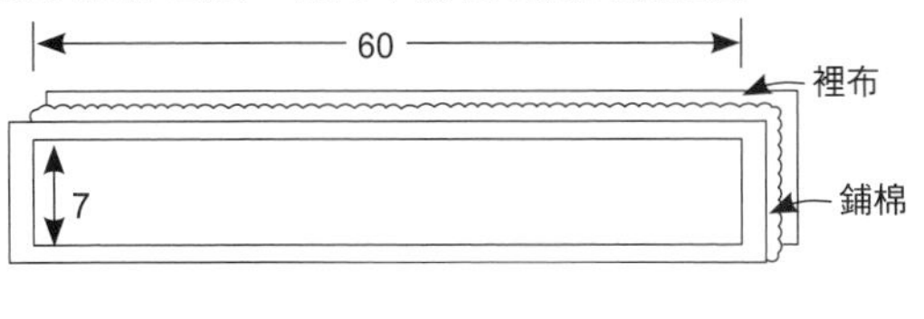


**12** 製作拉鍊耳片：將薄接著襯貼於裡布，疊上鋪棉、表布，三層疊合壓線，將耳片布對摺，車縫，如圖對摺再對摺，疏縫於錐形體底拉鍊頭處。

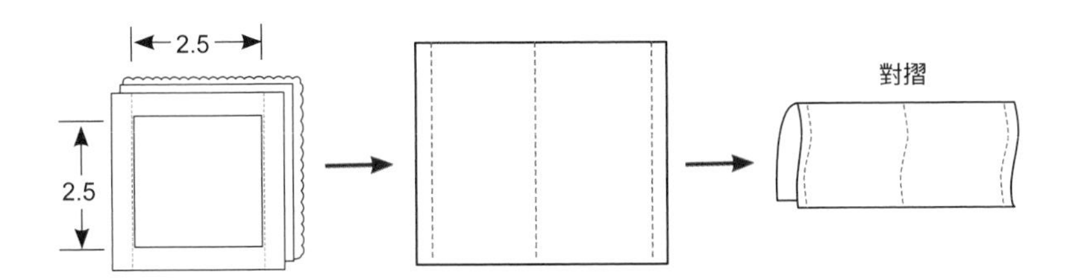


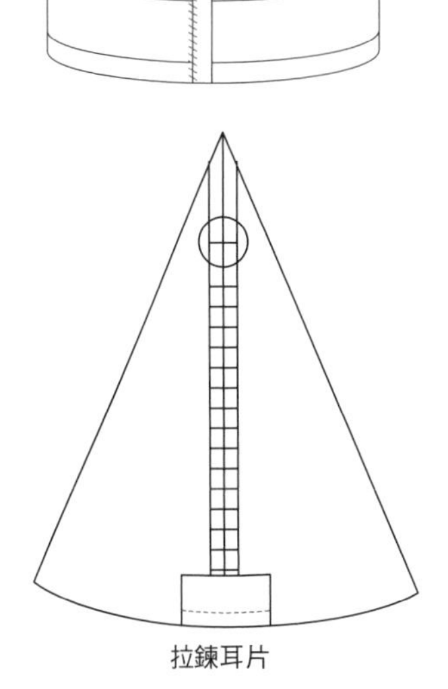


**13** 將錐形主體與下部環狀正面相對疊合車縫，以3cm寬的滾邊布放在主體上，包起縫份，縫份倒向下部一側，以藏針縫合。

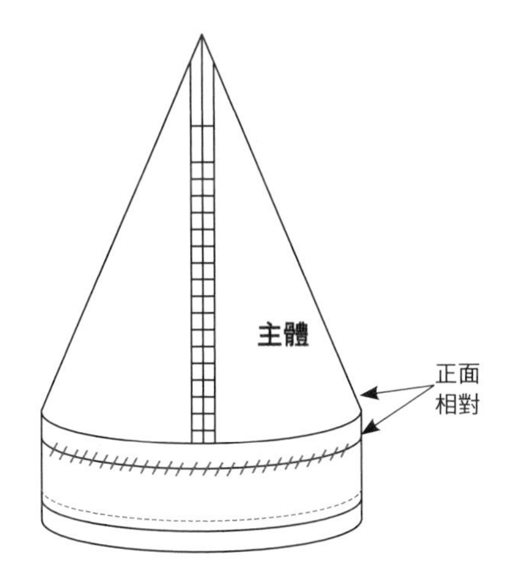


**14** 製作袋底：依紙型裁剪袋底布，袋底表布先畫好縫份，與雙面接著鋪棉、貼上厚接著襯的底布三層疊合，依布料圖案作1cm間隔的壓線。

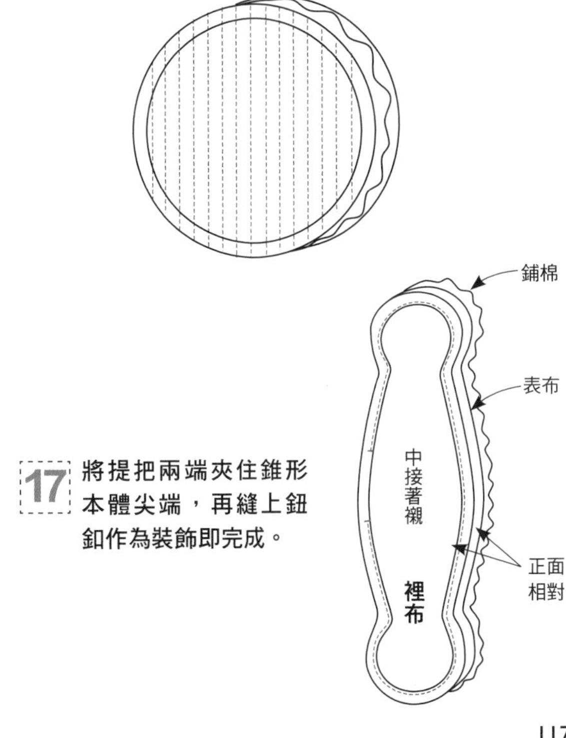


**15** 接合袋身＆袋底：將⑬與⑭正面相對接縫，作法與P.82相同。

**16** 製作提把：依紙型裁剪提把布2片，畫上縫份。將其中1片貼上中接著襯，將2片布正面相對，在下層放上鋪棉後，留下返口，周圍車縫。翻回正面後壓線。

**17** 將提把兩端夾住錐形本體尖端，再縫上鈕釦作為裝飾即完成。

style

# 18 拼接時尚 紙型B面

**材料**

表布……60cm×60cm
裡布……60cm×60cm
袋底用布……60cm×80cm
外口袋用布……60cm×80cm
內口袋用布……60cm×80cm
提把用布……20cm×80cm
滾邊用布……60cm×90cm

★**製作流程：依紙型裁布→製作圖案拼接部分→接合袋底→製作內口袋部分→製作袋身部分→製作提把縫上即完成。**

**1** 依紙型及說明裁剪各部分所需用布。

**2** 拼接圖案：參考紙型拼接口袋圖案布，製作2片。

**3** 接合袋底：依紙型裁剪袋底布，與完成的2片外口袋布接合成1片後，將厚接著襯貼於裡布，再與表布、鋪棉疊合壓線車縫，上下兩端袋口處以3.5cm寬滾邊布進行包邊處理。

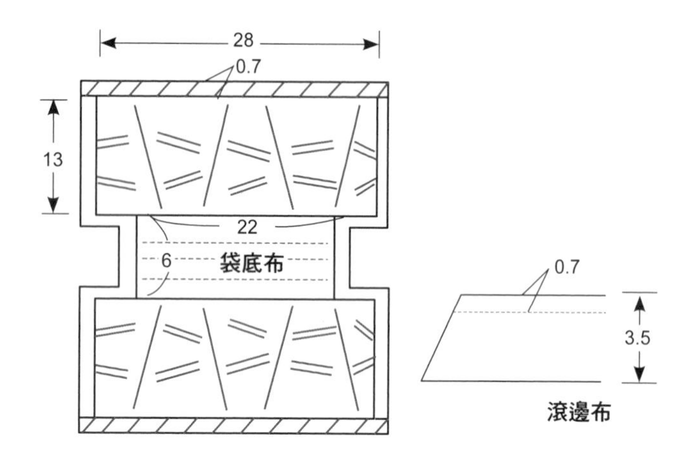


**4** 依紙型裁剪外側本體底布，與③疊合壓線車縫，即為表袋身。

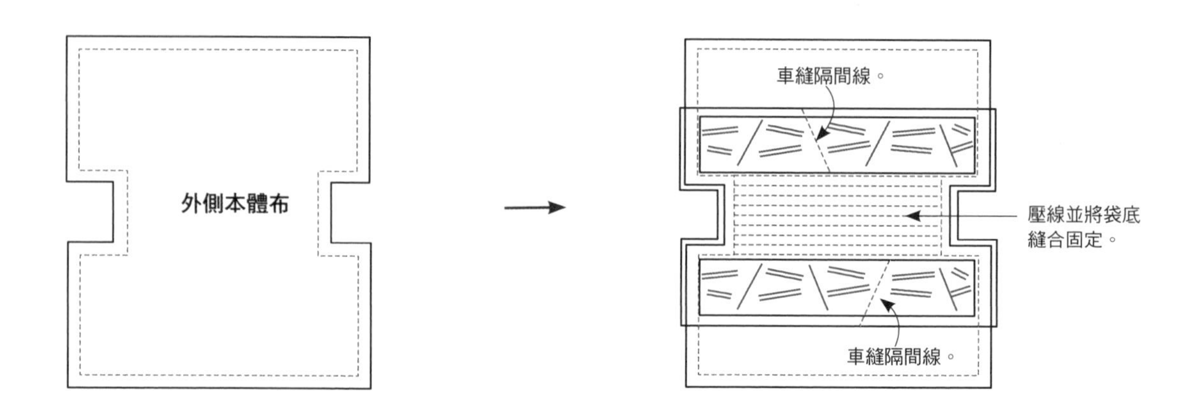

**5** 表袋身正面相對，對摺後車縫兩側身，並打開底端邊角的縫份，攤平後壓線。

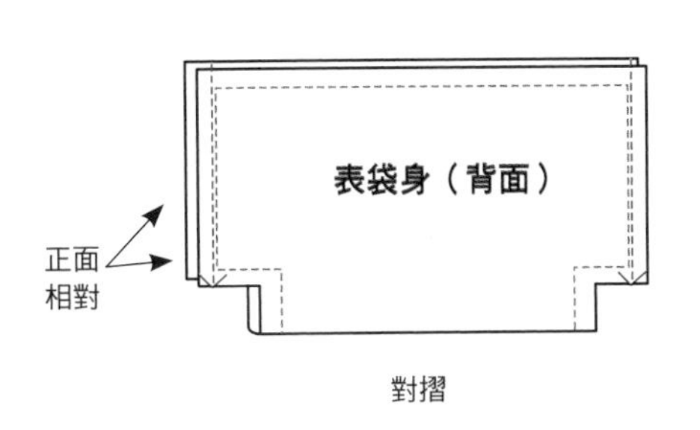


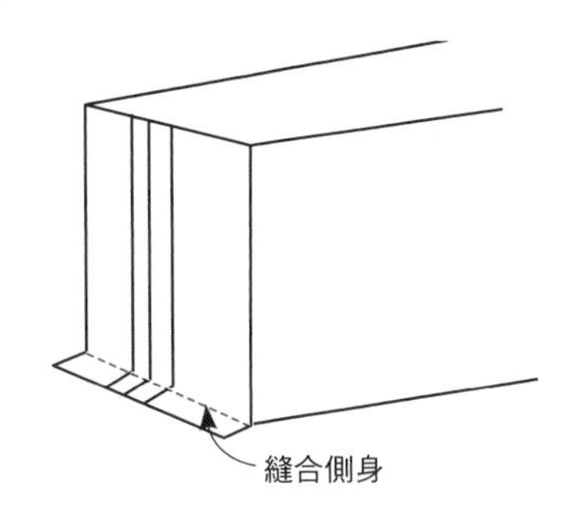


**6** 製作內口袋：依圖示尺寸裁剪口袋布，對摺，邊緣壓線。依紙型裁剪內側本體底布，並如圖將口袋固定於內側本體底布，中心車縫上隔間線，即完成裡袋身。

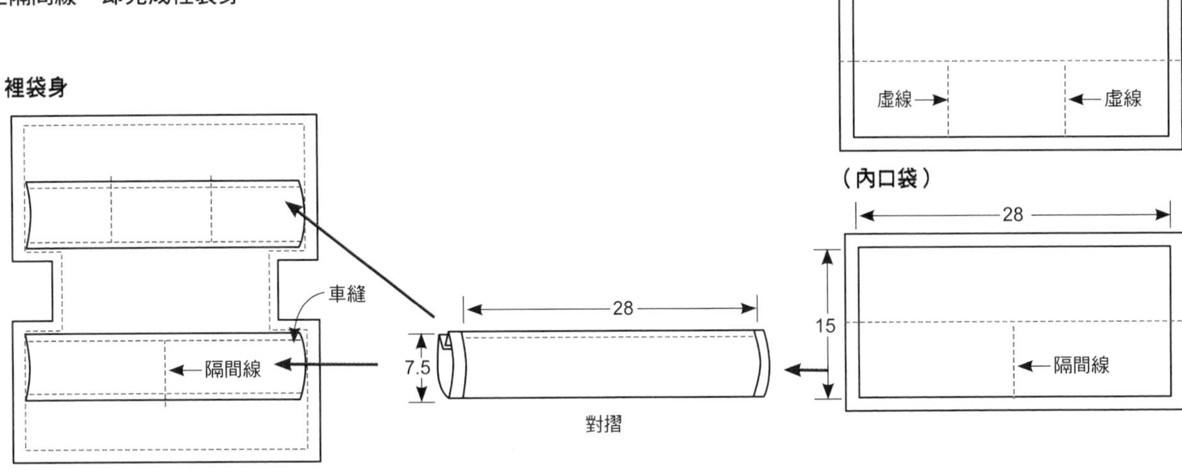


**7** 套合：將⑤、⑥套合，袋口往內摺入車縫固定。

**8** 製作提把：依圖示尺寸裁剪提把布，正面相對對摺車縫，翻回正面後於邊緣壓線，並如圖固定於袋口即可。

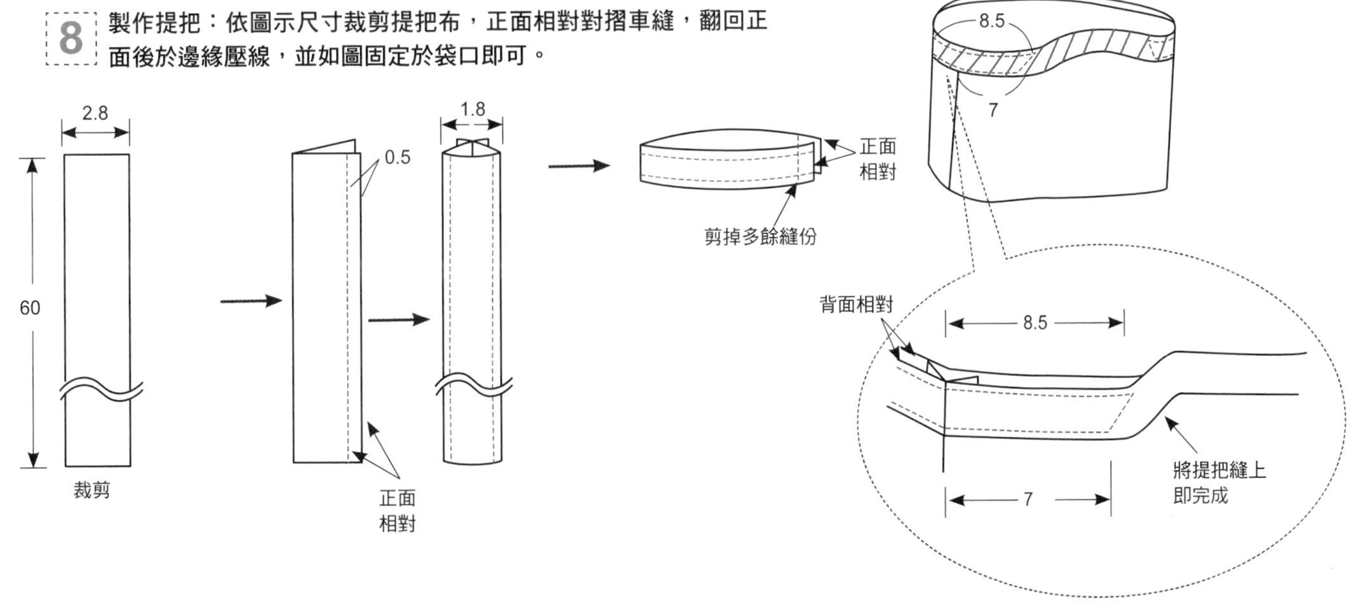

# 橙光 紙型C面

P.50

**材料**

表布……90cm×110cm
裡布……90cm×110cm
鋪棉……60cm×110cm
拼接用布……60cm×110cm
接著襯（厚）
提把……1組

**★製作流程：**依紙型裁布→製作袋身部分→接合袋身→製作袋底部分→製作貼邊部分→安裝提把即完成。

**1** 依裁布圖、紙型及說明裁剪各部分所需用布。

**2** 製作主體：依紙型畫記號，完成布片拼接，如圖製作表布，將裡布（貼好中接著襯）、鋪棉、表布三層疊合壓線，製作2片。

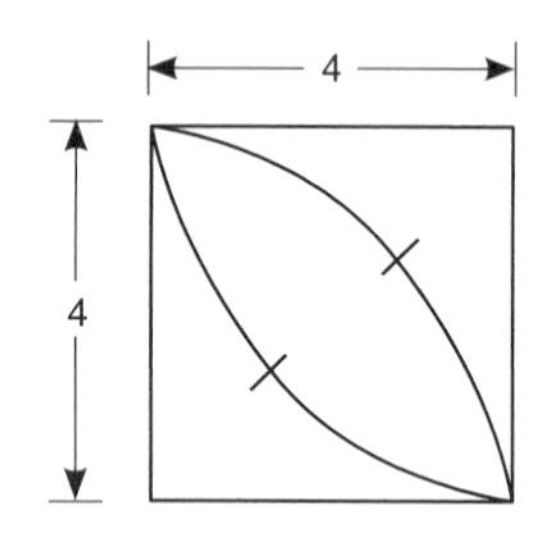


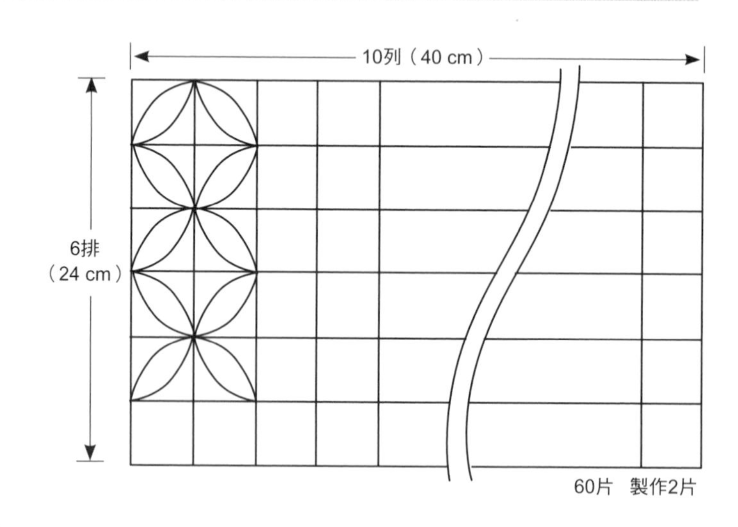


**3** 接合主體：將2片主體布正面相對如圖車縫接合，從上數起第二排圖案處為開口處，此段不縫合。另一側的縫份在1cm處剪牙口，並以另一側的裡布進行包邊處理。

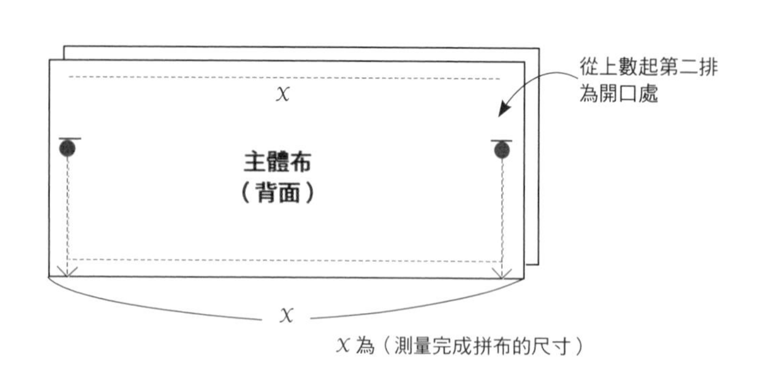


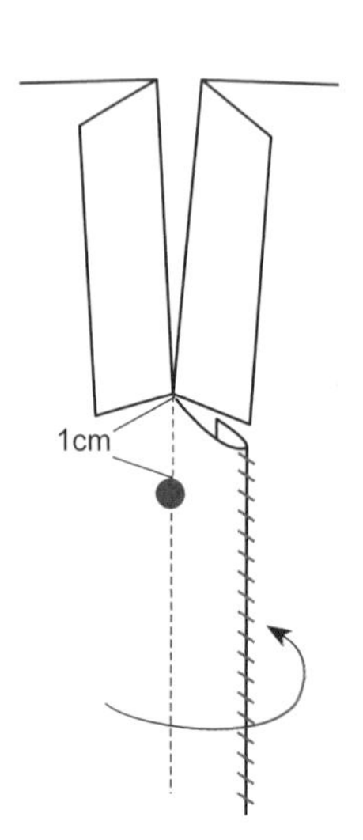


**4** 製作袋底：請以X ×2=3.14來製作袋底的紙型，接合袋底的方法請參見P.82。

**5** 製作貼邊布：以完成的拼布尺寸裁剪貼邊布表布，製作2片，並接合成環狀。

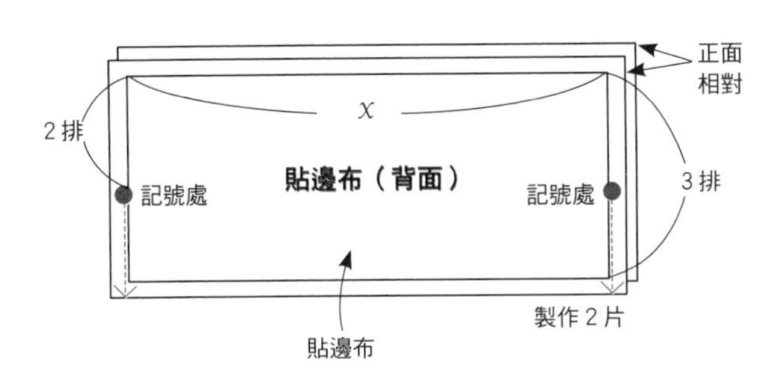


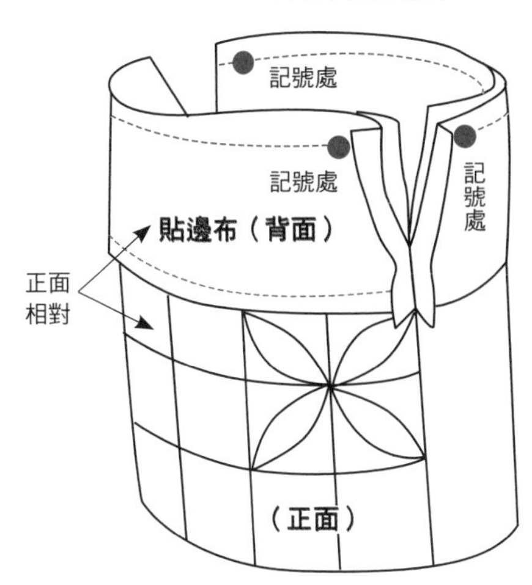


**6** 並將主體與貼邊正面相對接合，只在袋口的記號之間車縫。

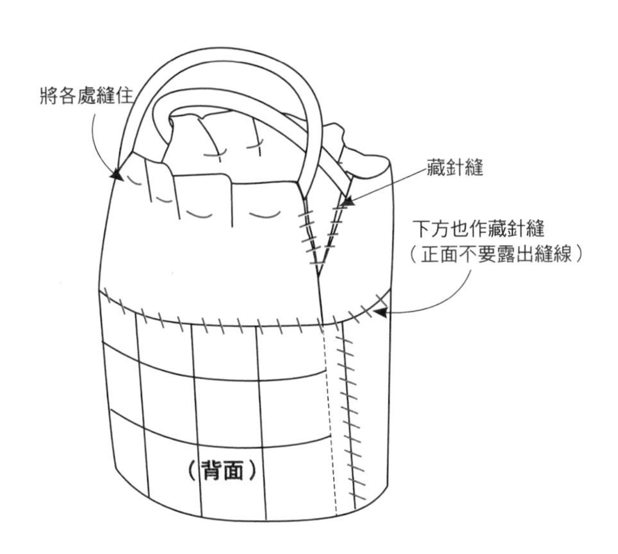


**7** 將貼邊往內摺，穿過提把，在主體上藏針縫合即完成。

# 線軸之謎 紙型D面

P.52

**材料**

表布……30cm×60cm
拼接用布……適量
側身用布……30cm×50cm
裡布……60cm×90cm
鋪棉……60cm×90cm
拉鍊（16cm）
接著襯（中）
繡線
問號勾環
D環
提把（JTM-K57〈ソウヒロ〉軟皮革－皮革提把#845 靛藍1條

**★製作流程：**依紙型裁布→製作圖案拼接部分→製作袋身部分→製作袋底部分→製作提把縫上即完成。

**1** 依紙型及說明裁剪各部分所需用布。

**2** 拼接圖案：參考紙型將A至D拼接完成，並依配置圖接合，製作2組。裁剪布片6cm x 18cm 1片、6cm x 24 cm 2片，與接合好的一組圖案布上下左右連接，作為前片。以相同方法製作後片。

6　18　6
6
24
一片布
一片布
一片布
側身
側身
A B C
B D B
C B A

A：2片　將A～D拼接完成，配置好後接合。
B：4片
C：2片
D：1片
裁剪6cm × 18cm 2片、6 cm × 24 cm 4片，與上部左右連接，製作2組正面與背面。

**3** 製作袋身前片＆後片製作表布。畫上完成線，並與鋪棉、裡布三層疊合壓線。取3.5cm寬滾邊布在背面以藏針縫進行包邊處理。

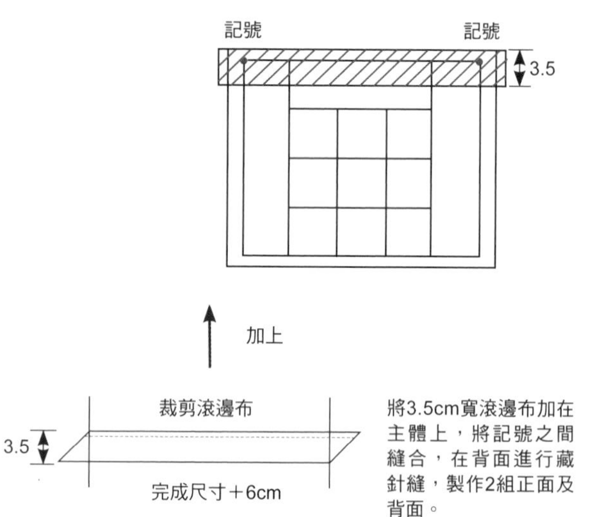


**4** 製作袋底：將厚接著襯貼於裡布，與表布、鋪棉疊合壓線車縫。測量主體的 y 及 x 的尺寸，作出相同大小的袋底尺寸。主體與袋底正面相對，將記號之間縫上。

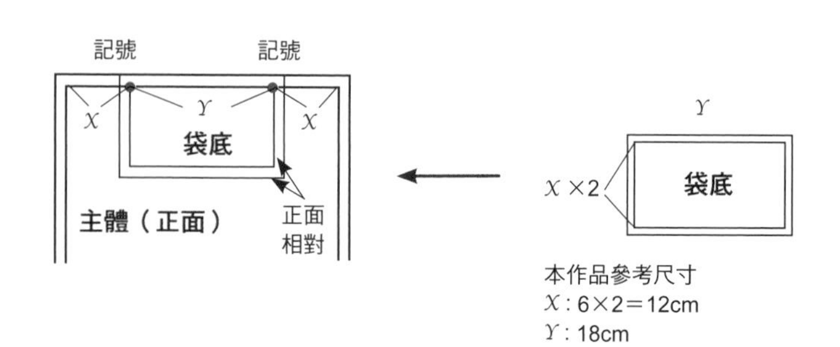

**5** 接合袋身：接合處以主體裡布進行包邊處理，於記號之間將縫份倒向袋底側，以藏針縫縫合。

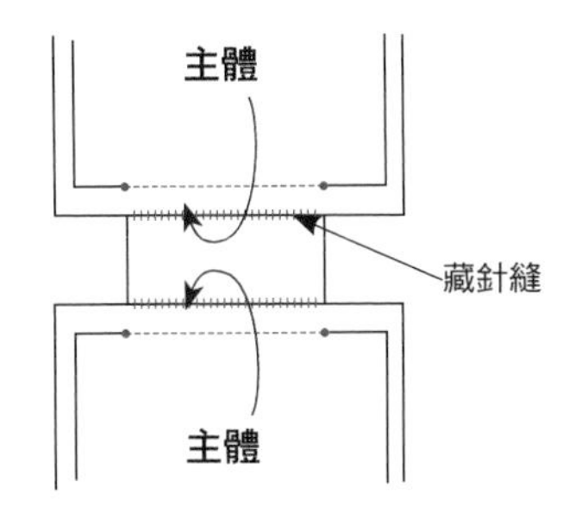


**6** 在背面重新畫上完成尺寸線，正面相對、對摺後，將兩側車縫，以單側裡布將處裡縫份，以藏針縫縫合。滾邊部分也以相同方式處理，上方部分縫合固定。

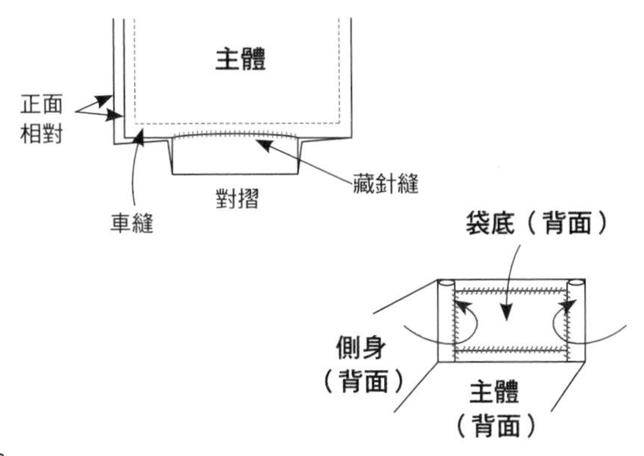


**7** 另裁一片2.5cm寬滾邊布進行邊角處理縫合，底部以藏針縫接合。

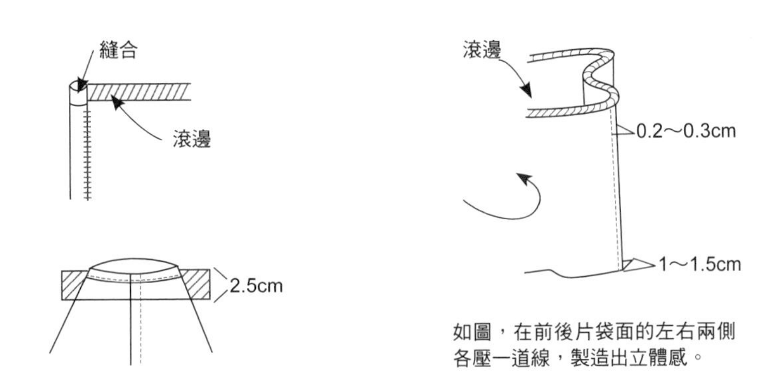


如圖，在前後片袋面的左右兩側
各壓一道線，製造出立體感。

**8** 縫上提把，並在滾邊的邊緣車縫，使用與裡布相同的布料，將提把以藏針縫隱藏處理。

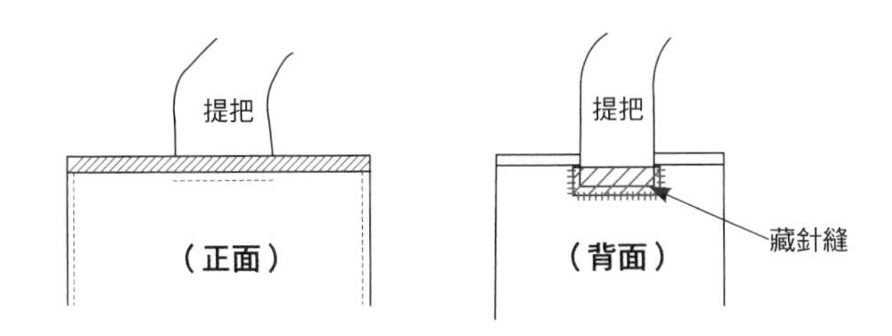


0.2～0.3cm位置邊緣車縫至袋底上方
1～1.5cm的位置為止。

# 花園綺想 紙型C面

P.54

**材料**

表布……110cm×140cm
拼接用布……適量
裡布……110cm×140cm
鋪棉……110cm×140cm
側身、提把用布100cm×140cm
接著襯（薄）

★**製作流程：**依紙型裁布→製作袋身部分→製作滾邊部分→製作側身及提把部分→接合袋身→提把處理即完成。

**1** 依紙型及說明裁剪各部分所需用布。

**2** 製作袋身前片＆後片：參考紙型製作前片圖案，完成六角形的貼布縫，與鋪棉、裡布三層疊合壓線。另取表布、鋪棉、裡布三層疊合壓線，製作出袋身後片裁剪2.5cm寬布條及蠟繩如圖製作出芽用滾邊繩，不作貼布縫，袋身縫上出芽包邊。

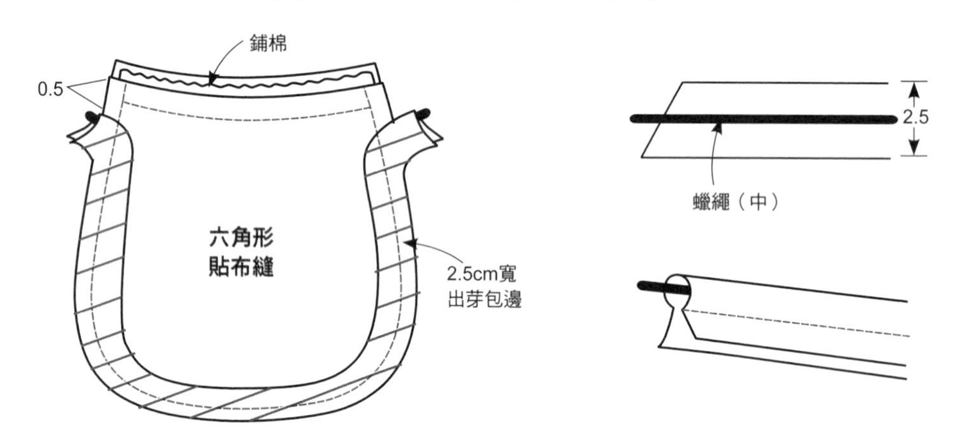


**3** 在2的袋口側縫上與裡布相同布料的2.5cm寬滾邊布，摺入後以藏針縫縫合。

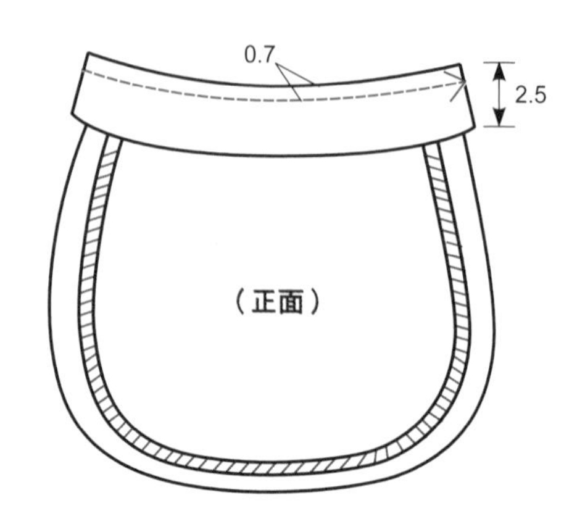


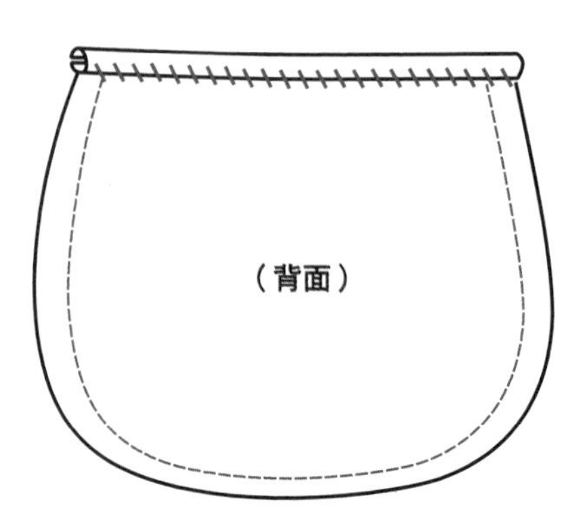

**4** 製作側身及提把：依紙型記號接合提把布，裁好提把表布、鋪棉、裡布，將中接著襯貼於裡布，與表布、鋪棉疊合壓線，壓線車縫。在背面畫上完成尺寸線，並作上記號。

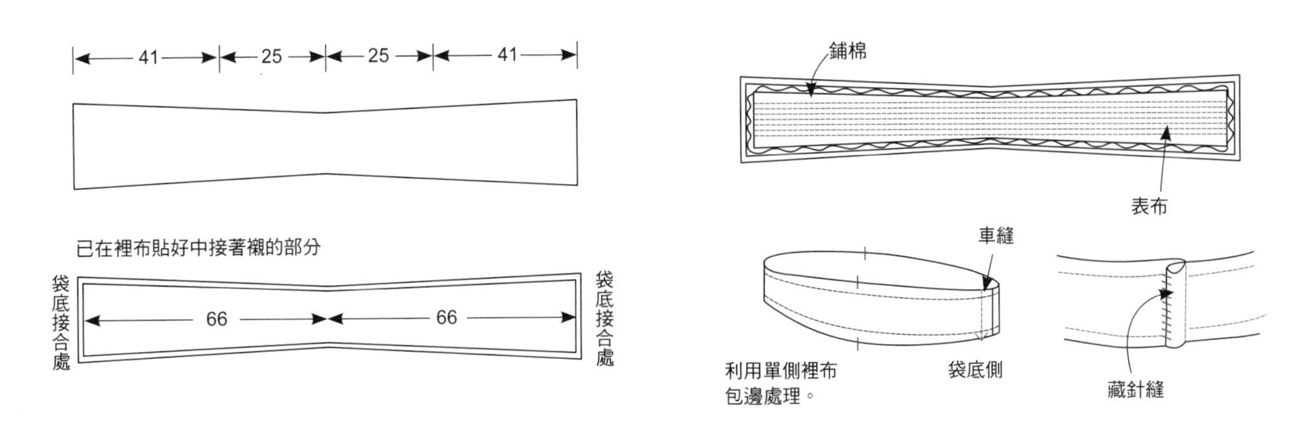


**5** 接合袋身：如圖，以提把布接合袋身前片＆後片，修剪多餘縫份後，主體內側接合處以滾邊布進行包邊處理，縫份倒向內側。

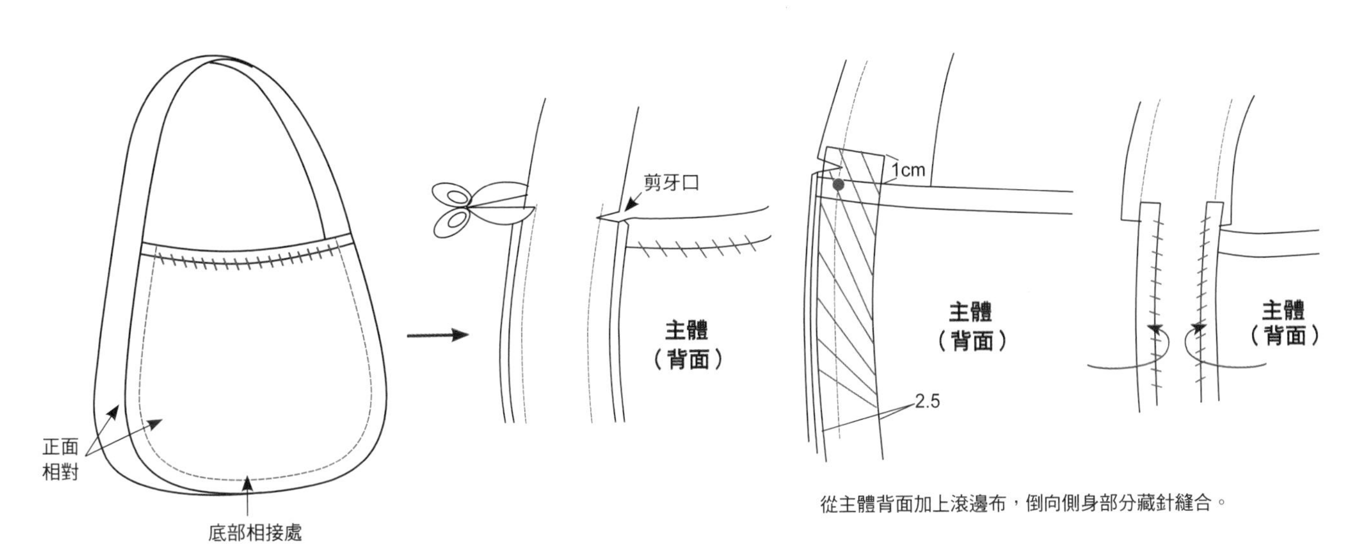


**6** 提把處理：如圖尺寸裁提把背面加強布1片，表布加上薄接著襯，於袋口之間，縫於提把背面，以藏針縫縫合，可加強提把的硬度及挺度。

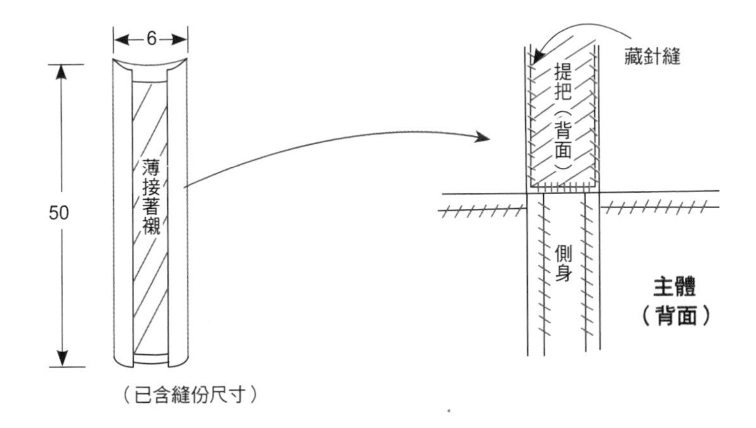

# 記憶拼圖 紙型C面

**材料**

原色布……90cm×110cm
紅色布…… 90cm×110cm
裡布……60cm×110cm
提把、滾邊條……60cm×110cm
鋪棉……60cm×110cm
接著襯（厚）
蠟繩……100cm
內襯……6cm×50cm

**★製作流程：**依紙型裁布→製作圖案拼接部分→製作袋底部分→接合袋底及側身→製作出芽部分→組合→製作提把縫上即完成。

**1** 依紙型及說明裁剪各部分所需用布。

**2** 拼接圖案：參考紙型將圖案拼接完成，並依配置圖接合，製作袋身前片、後片表布2片、側身表布2片，並與鋪棉、裡布三層疊合壓線。

**3** 製作袋底：裁下袋底表布（11cm×26.5cm）、鋪棉、裡布。將厚接著襯貼於裡布，與表布、鋪棉疊合壓線。（壓線後請測量縮小後的尺寸）

**4** 接合袋底及側身：如圖，以側身布裡布於記號處之間進行包邊處理，縫份倒向袋底。

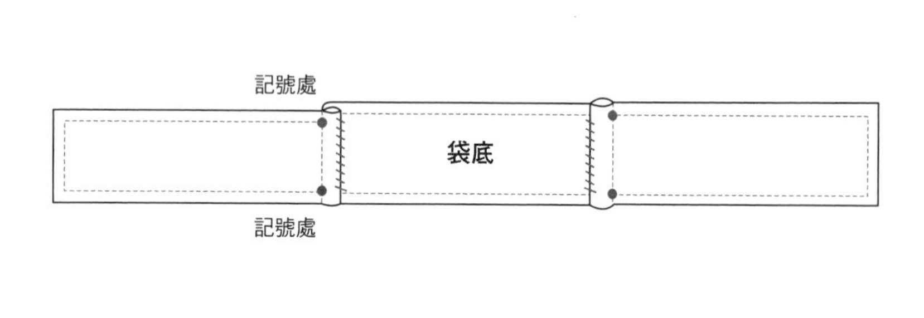


**5** 取布條及蠟繩如圖製作出芽用滾邊條，分成4段。

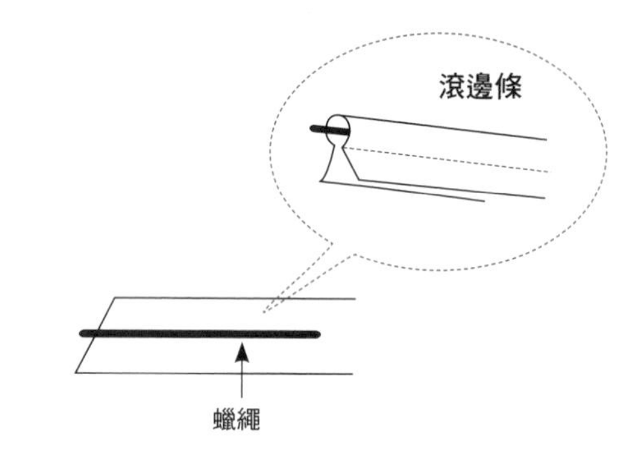


**6** 取一段滾邊條，從袋身側身距邊角頂端0.5cm處車縫至離底部0.5cm，四邊皆以此方法處理。

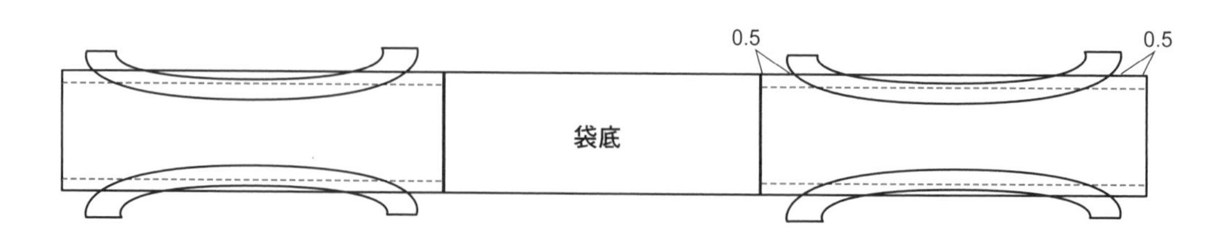

**7** 於兩個記號之間組合袋身前片。後片也以相同方法處理。

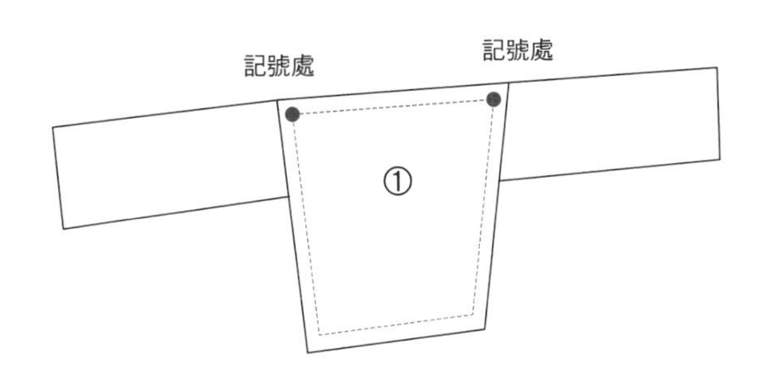


**8** 再利用側身裡布的縫份將每一處鄰邊進行包邊處理。

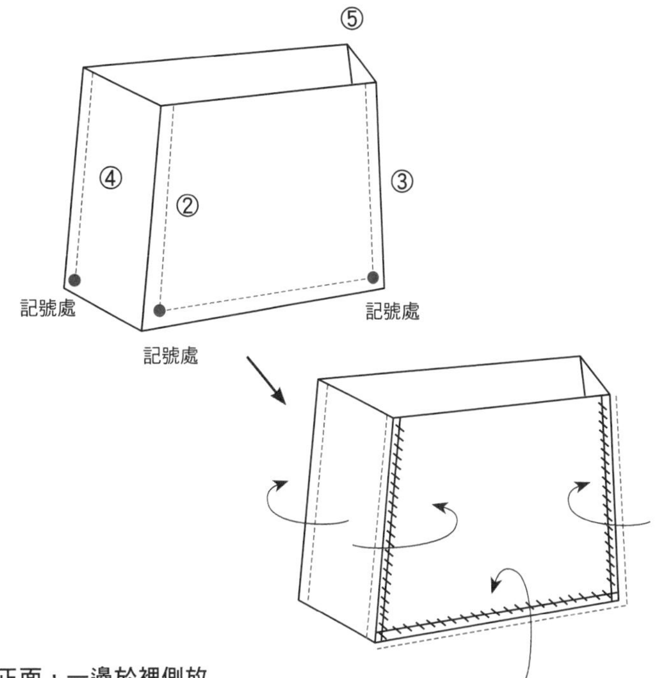


**9** 袋口以3.5cm寬滾邊布進行包邊處理。

**10** 製作提把：如圖尺寸裁提把布，車縫對摺，一邊翻回正面，一邊於裡側放入內襯，表面壓線。作法請參考P.74。（內襯尺寸：1.5cm×49cm ）

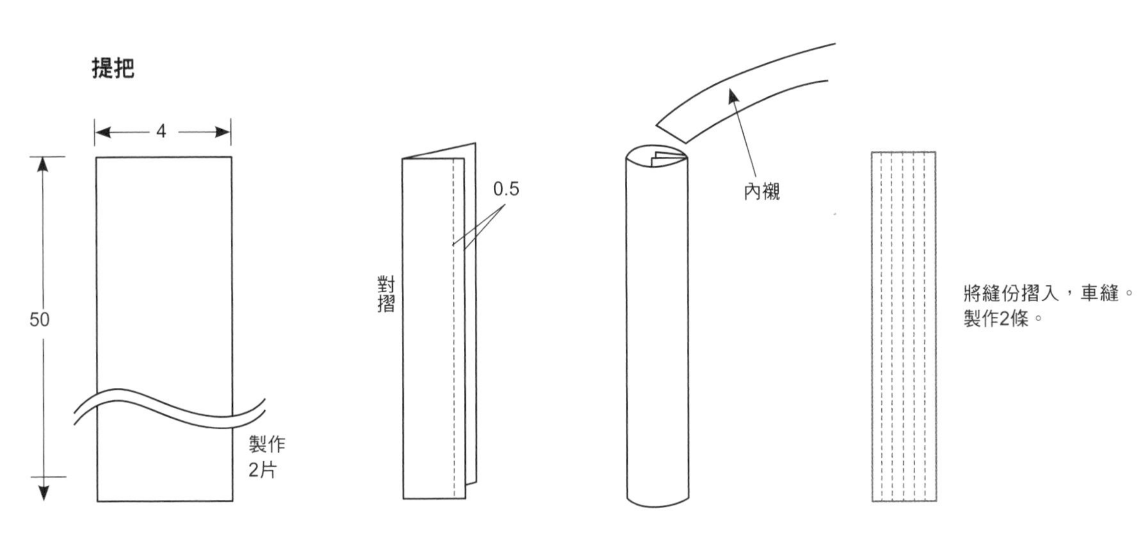


**11** 將提把一端夾入袋身與側身之間，如圖車縫接合，另一端亦以此方法處理。依此方法完成兩側的提把即完成。

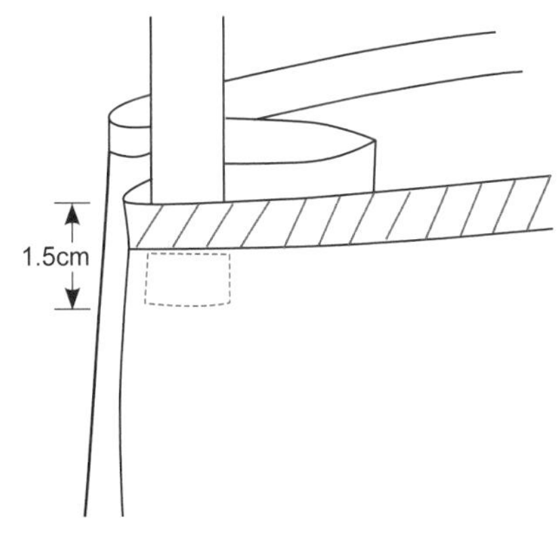

# 方塊舞 紙型A面

P.58

**材料**

表布…… 60cm×90cm
拼接用布…… 適量
袋底用布……30cm×60cm
裡布、口袋……110cm×140cm
接著襯（厚、薄）
織帶 2條

★**製作流程：**依紙型裁布→製作圖案拼接部分→製作袋底部分→接合袋底→製作內口袋部分→組合→製作提把縫上即完成。

**1** 依紙型及說明裁剪各部分所需用布。

**2** 拼接圖案：參考紙型拼接圖案，共需16組，依配置圖接合，完作袋身前片及後片表布A 2片，並與鋪棉、裡布三層疊合壓圓形線。另外製作無拼接圖案的表布B 2片，並與鋪棉、裡布三層疊合壓長方形線。

**3** 製作內層口袋：依紙型以裡布裁剪口袋布2片，如圖正面相對對摺，袋口處車縫，翻回正面，袋口邊緣壓線，共製作2組。

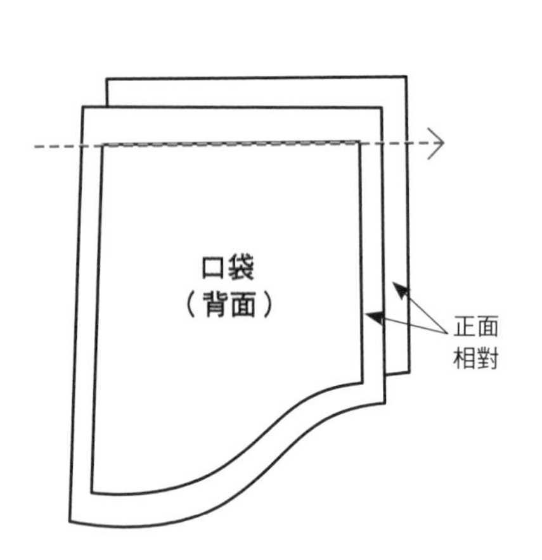


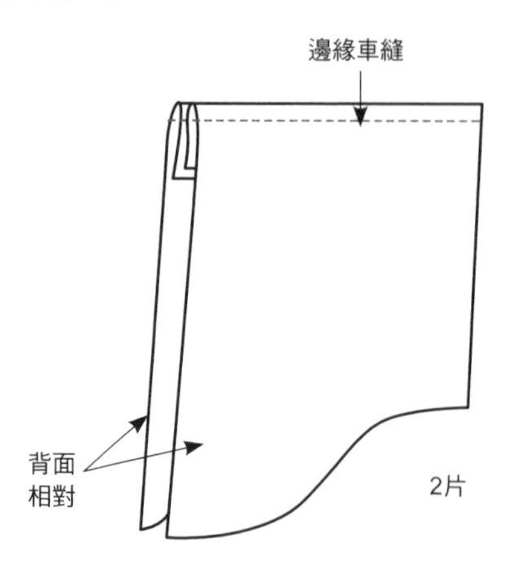


**4** 將內口袋疏縫於拼接好圖案的表布A背面，中央側以3.5cm寬滾邊布處理。

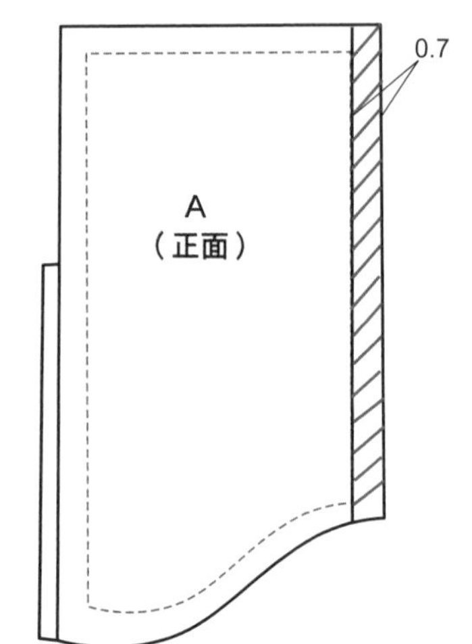


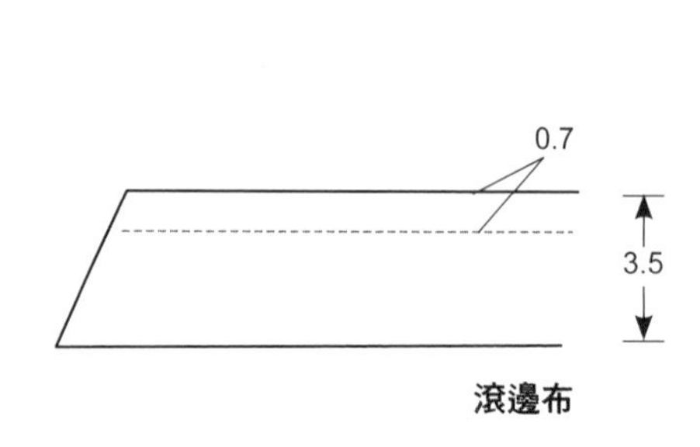

5 組合A及B，如圖三層壓線車縫。

6 於滾邊處壓線。

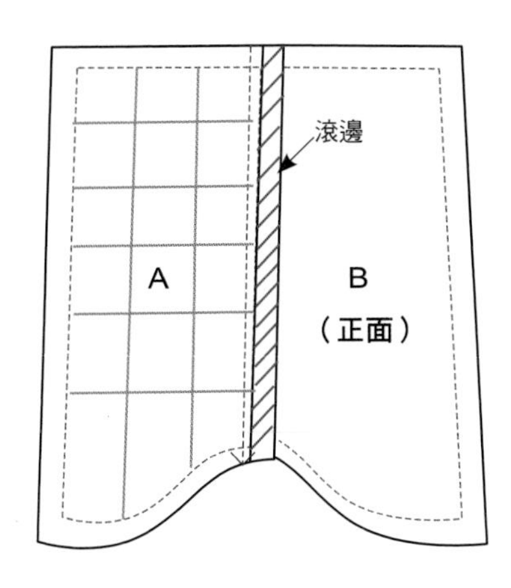


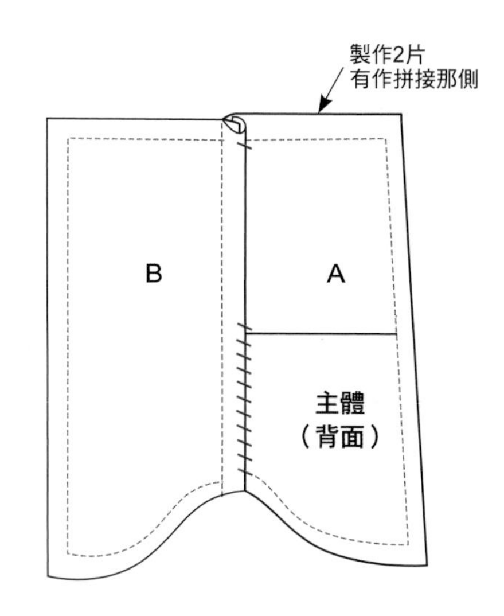


7 將⑥兩片正面相對、兩側縫起，利用單邊裡布將縫份包住藏針縫合。

8 製作袋底：在裡布貼上厚接著襯，再疊上鋪棉、表袋底布，三層疊合車縫。並與袋身接合，方法請參見P.82。

9 袋口以3.5cm寬滾邊條進行包邊處理。

10 製作提把：如圖示尺寸裁布，裡側貼上薄接著襯，再與織帶疊合、壓線。

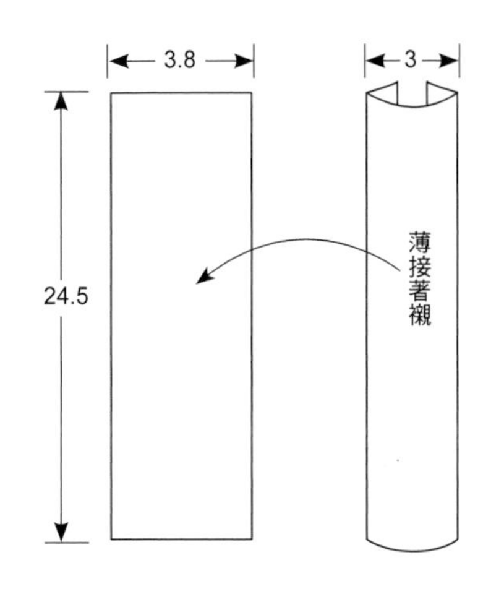


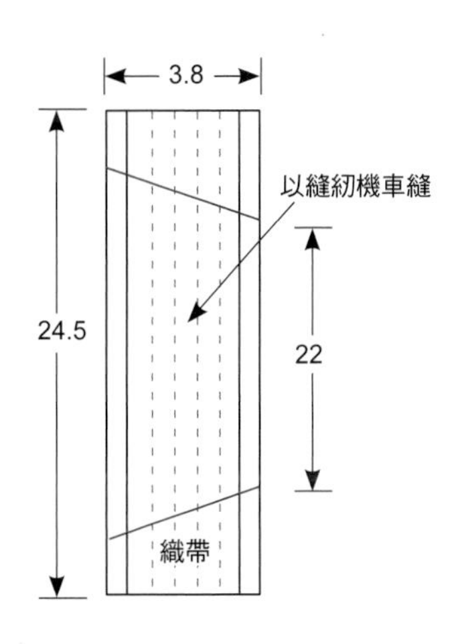


11 將提把中間段對摺壓線，兩端如圖接合於本體兩側身，如圖車縫後固定並加以修飾即可，另一側作法相同，完成。

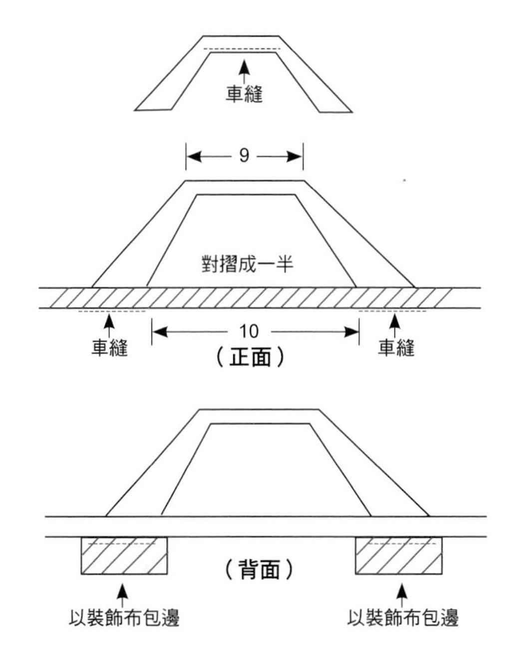

# 狗兒狂想曲 紙型D面

P.48

**材料**

表布……50cm×60cm
裡布……50cm×60cm
袋底用布……30cm×30cm
貼布縫用布……適量
接著襯……（薄）50cm×60cm
鋪棉……25cm×50cm
拉鍊……16cm1條
織帶兩款……各1條
繡線（黑色、草綠色、藍紫色）

**★製作流程：**依紙型裁布→製作前後袋身部分→製作拉鍊口布→製作提把→製作側邊部分→組合即完成。

**1** 依紙型及說明裁剪各部分所需用布。

**2** 製作前片及後片：依紙型製作袋身前片表布的貼布縫及刺繡，完成表布。將薄接著襯貼於裡布，疊上鋪棉、表布，三層疊合壓線，後片也以相同方式製作。

**3** 製作拉鍊口布：依紙型及說明裁剪裡布、鋪棉、表布，將薄接著襯貼於裡布，疊上鋪棉、表布，三層疊合壓線。可參見P.95製作拉鍊部分。

**4** 製作提把：依紙型E、F尺寸裁下提把表布、鋪棉、裡布（燙上薄接著襯），依裡布、表布、鋪棉的順序疊合車縫，剪去多餘的鋪棉，留下0.1cm，翻回正面，壓線，E、F各製作1條。

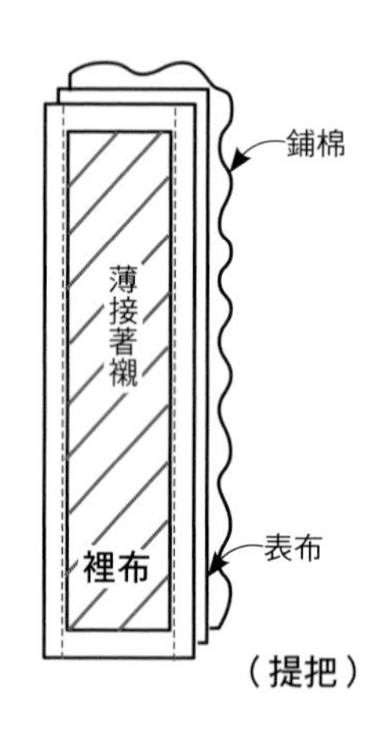

（提把）

**5** 製作下側邊。依紙型標示裁好側邊表布、鋪棉、裡布（請分別將A（中接著襯）、B（薄接著襯）、D（薄接著襯）貼於裡布），三層疊合壓線，並夾入提把布作成環狀，以2.5cm寬滾邊布進行包邊處理。

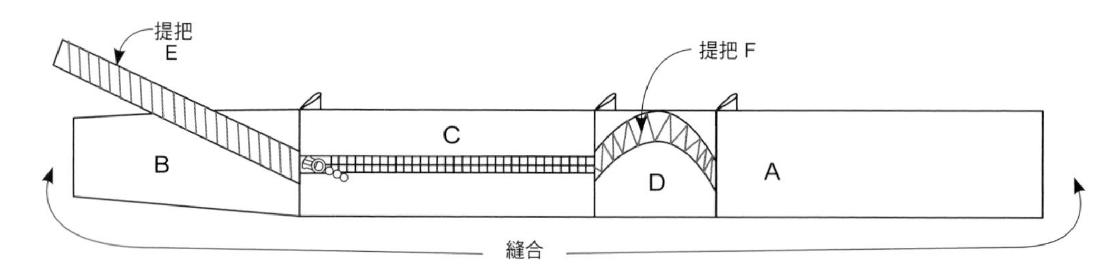


**6** 將2和5組合。主體與側邊正面相對縫起，以另一條滾邊布（2.5cm）包起縫份，並倒向主體側，作法與P.103作品相同。

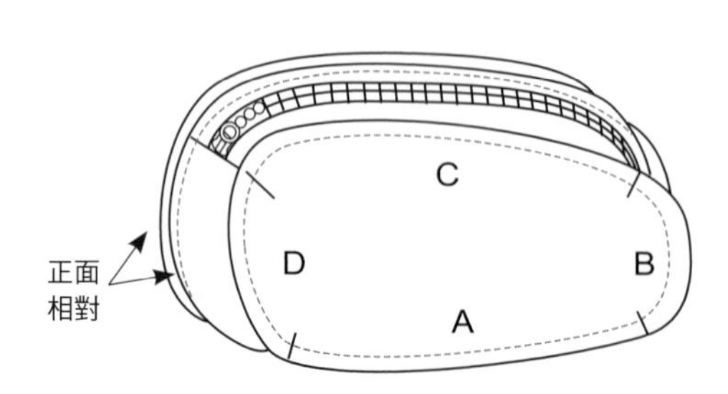

雙面設計

國家圖書館出版品預行編目資料

斉藤謠子の Elegant Bag Style.25：職人特選實用拼布包 / 斉藤謠子著 .
-- 二版 . -- 新北市：雅書堂文化，2020.10
面； 公分 . -- ( 拼布美學 ; 25)
ISBN 978-986-302-556-6( 平裝 )

1. 拼布藝術 2. 手提袋

426.7 109013517

PATCHWORK 拼布美學 25

# 斉藤謠子の Elegant Bag Style.25
# 職人特選實用拼布包（暢銷版）

作者／斉藤謠子
中文作法審定／周秀惠
發行人／詹慶和
總編輯／蔡麗玲
執行編輯／蔡毓玲・黃璟安
編輯／劉蕙寧・陳姿伶
執行美編／陳麗娜
美術編輯／周盈汝・韓欣恬
攝影／數位美學 賴光煜
模特兒／沈薇庭
作法描圖／韓欣恬
作法翻譯／張淑君
出版者／雅書堂文化事業有限公司
發行者／雅書堂文化事業有限公司
郵政劃撥帳號／18225950
戶名／雅書堂文化事業有限公司
地址／新北市板橋區板新路 206 號 3 樓
網址／www.elegantbooks.com.tw
電子郵件／elegant.books@msa.hinet.net
電話／(02)8952-4078
傳真／(02)8952-4084

2015 年 11 月初版
2020 年 10 月二版一刷　定價 580 元

經銷／易可數位行銷股份有限公司
地址／新北市新店區寶橋路 235 巷 6 弄 3 號 5 樓
電話／(02)8911-0825　傳真／(02)8911-0801



## 中文作法審定老師

**周秀惠**

**重要資歷**

中華婦幼新知發展協會拼布教育長
中華電信 MOD 電視台拼布指導老師
國父紀念館拼布指導老師
致理技術學院拼布指導老師
日本橫濱第 21 回創作比賽入賞 - 情網提袋
著有《秀惠老師不藏私の先染拼布好時光》
《秀惠老師の甜蜜口金小花園：拼布職人の口金包美麗日記》
《秀惠老師的幸福系粉色拼布 40 選》
《秀惠老師的旅行拼布包》
《秀惠老師的質感好色手縫拼布包》等
（由雅書堂文化出版）

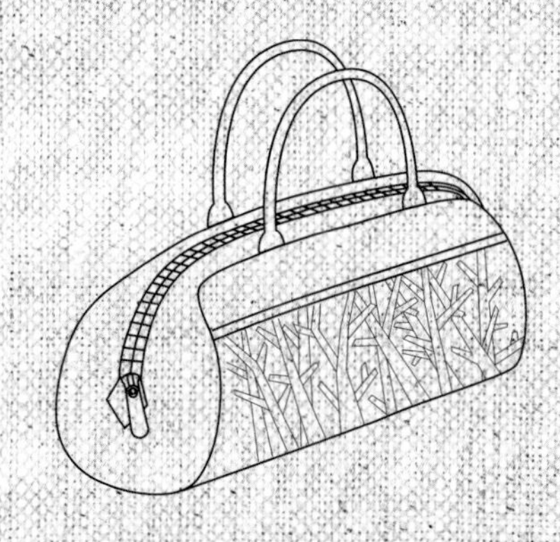

Elegant Bag Style.25

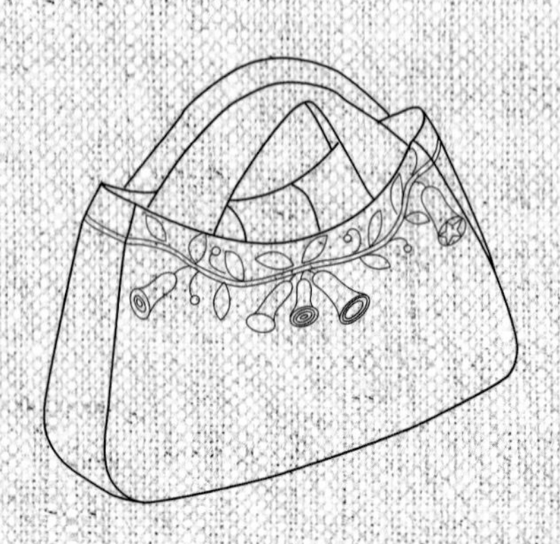

Elegant Bag Style.25